U0213347

NHK
趣味园艺

4

薰衣草
12 月栽培笔记

[日]下司高明◎著

谢 鹰◎译

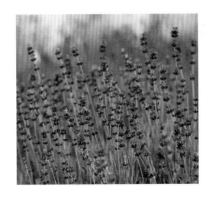

机械工业出版社
CHINA MACHINE PRESS

图片：希德寇特（Hidcote）

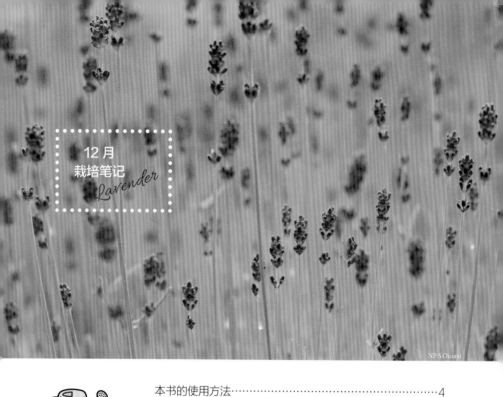

12 月
栽培笔记
Lavender

目 录
Contents

12 月栽培笔记

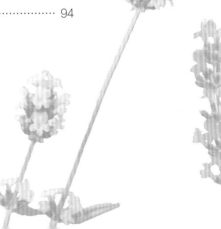

本书的使用方法

本书就薰衣草的栽培，以月份为轴线，详细解说了每个月的主要工作和管理要点，还通俗易懂地介绍了薰衣草的主要品系、品种及使用方法。

※【薰衣草的魅力与主要品系】（第5~30页）中，介绍了薰衣草的性质、品系、代表性品种和栽培要点等。

※【12月栽培笔记】（第31~77页）中，将每月的工作分为两阶段进行解说，分别是新手必须进行的"**基本**"，以及供有能力的中、高级栽培者实践的"**挑战**"。主要的工作步骤都记载在相应的月份里。

列出了本月的工作

基本
新手必须进行的工作

挑战
供有能力的中、高级栽培者实践的工作

列出了本月的管理要点

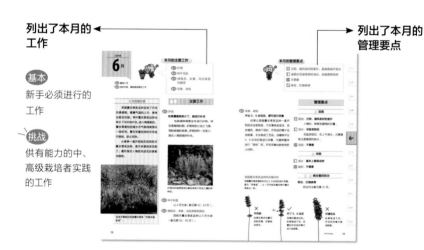

※【栽培方案】（第78~83页）中，用立体图和平面图介绍了薰衣草与其他香草的栽培方案示例。

※【寒冷地区和高寒地区的栽培】（第90页）、【温暖地区的栽培】（第91~93页）中，介绍了适合非一般地区（关东等气候温暖宜人的地区）的品系、品种、栽培窍门。

• 本书的说明是以日本关东以西的地方为基准（译注：气候类似我国长江流域）。由于地域和气候的关系，薰衣草的生长状态、开花期、工作的适宜时间会存在差异。此外，浇水和施肥的量仅为参考值，请根据植物的状态酌情而定。

薰衣草的魅力
与主要品系

自古以来，薰衣草就被人们当作一种实用的植物，香味优雅，魅力多多。本部分将对薰衣草各个品系的特征及代表性品种进行介绍。

Lavender

薰衣草的魅力

1 香味宜人

一直以来，薰衣草就被用于药品、美容、香料，香味独特，据说有舒缓神经和肌肉紧张的作用。对现代人来说，它的香味也有缓解压力、使人放松的效果。

市面上有不少薰衣草精油、香薰、干花等相关商品，若能在家中种植薰衣草，便能随时闻到清新的花香了。

英国薰衣草系的代表性品种"希德寇特"。在温暖地区和一般地区选择盆栽方式，更能降低越夏失败的概率。

NP-N.Kamibayashi

盆栽

2 生活中的用途

采集鲜花后，可以做成花束点缀房间，也可以撒在浴缸里或制作花环，享受清新的花香。另外，可把薰衣草制成干花后保存下来，这样一来，除了开花期，还能全年享受到自制的薰衣草香。

3 品系、种类繁多

在薰衣草的香味中，英国薰衣草系较为著名，但也有许多其他的品系和品种。大家可根据香味、花朵、叶片、性质、目的等因素，来选择自己喜欢的薰衣草。

4 地栽、盆栽均可

薰衣草是一种株形紧凑的常绿灌木，就算家里没有院子，也能在阳台上种植一盆。

进行地栽时，先调查植物的耐寒性和耐热性，从适合您所在地区的品系中挑选吧。

NP-T.Maki

西班牙薰衣草系花形可爱，花色也丰富多彩。
作为花坛植物颇受欢迎，耐热性强，也能种
在温暖地区的庭院里。在寒冷地区可以盆栽
或当作一年生植物来种植。

地栽

NP-H.Imai

初夏还能与月季争芳斗艳。不过，月季附近肥料
偏多，薰衣草得种远一点。

5　栽培简单，每年都能赏花

　　薰衣草强健，很少出现病虫害，
是一种新手也能轻松种植的香草。

　　栽培时，最关键的要点是越夏。
许多品种的原产地都是地中海沿岸等
夏季干燥的地区，为开花枝条进行疏
枝，做好应对闷热的措施，根据需要进
行遮光，帮助植物度过夏季——如此每
年都能收获花朵。

　　没有开花的时候，可以把薰衣草
当作观叶植物，欣赏其银色或绿色的常
绿性芬芳叶片。

干花

NP-T.Narikiyo

把采集到的薰衣草制成干花，这样即便在室内，
也能全年享受花香。

主要品系与代表性品种

唇形科的常绿灌木

唇形科薰衣草属的植物为常绿灌木。自古以来，它就因独特香味在西方得到了广泛应用。

日本江户时代晚期，薰衣草才被引进日本，但不少日本人是在 20 世纪 70 年代后才知道它的——北海道富良野的薰衣草花海，令其瞬间走红。

如今，日本也在对薰衣草进行积极的改良，它不仅是一种被用于香料、香薰治疗精油、工艺品中的香草，也是一种在花坛、花盆中供人欣赏的园艺植物，因而受到了大众的喜爱。

拥有不同性质的多样化品系

论香味的宜人度，英国薰衣草系首屈一指，但它们偏好寒冷的气候，所以温暖地区和一般地区栽培的多是窄叶薰衣草系。花形好似兔耳的西班牙薰衣草系、四季开花性的齿叶薰衣草系、羽叶薰衣草系主要被当作观赏植物来栽培。

薰衣草还有许多其他的品系，本书将以上述 5 种市面上花苗流通量大的品系为中心，对它们的代表性品种进行介绍。不同品系的薰衣草，其花期、耐寒性、耐热性、用途也大不相同。开始栽培前，先来掌握各个品系的主要特征、性质、用途吧。

NP-S.Oizumi

北海道的薰衣草花海是人们心驰神往的风景。图中为泷野铃兰丘陵公园的"芳香"（英国薰衣草）。

8

英国薰衣草系

包含源于地中海沿岸原产的薰衣草（Common lavender）等，是香味最好闻的品系之一。也被称作狭叶薰衣草、真薰衣草、真正薰衣草。

喜欢干燥的气候，耐寒性强，却不适应日本高温潮湿的夏季。在日本，该品系适合种在冷凉的寒冷地区、高寒地区。

在 5 月下旬到 6 月下旬期间，会开出淡紫色至深紫色、白色、粉红色的穗状花朵。最近，两季开花性品种、斑叶品种也很受欢迎。详情参见第 14~18、86 页。

拥有薰衣草的代表性香味。花穗虽短，但花色浓郁。做成工艺品也十分好看。采集量比窄叶薰衣草系少，可是培育为成株后，一棵就能采集近 100 根花穗。

原生种	栽培种
薰衣草 *Lavandula angustifolia* 其他	┬ 希德寇特 ├ 芳香（Aromatico） ├ 山丘紫（Okamurasaki） ├ 皇家紫（Royal Purple） ├ 香宜（Sentivia） └ 其他

樟脑香浓郁。花穗、花茎都很长，采集量也多。过了第二年，一棵能采集近 200 根花穗。也适合制作工艺品。

窄叶薰衣草系

　　这一品系源于英国薰衣草系与原生种宽叶薰衣草（*Lavandula latifolia*）的杂交种。其特征是精油含量高，且继承了宽叶薰衣草浓郁的樟脑香。

　　与英国薰衣草系相比，窄叶薰衣草系耐热性强，也具备耐寒性，适合难以种植英国薰衣草系的温暖地区至一般地区。比英国薰衣草系更快发育成大棵植株，花穗、花茎都很长，采集量多，因此也适合制成工艺品和贩卖。详情参见第 19~21、86 页。

杂交种
窄叶薰衣草 ————
Lavandula × intermedia

栽培种
—— 格罗索（Grosso）
—— 普罗旺斯（Provence）
—— 巨白（Large White）
—— 其他

西班牙薰衣草原产于西班牙加那利群岛、地中海沿岸、土耳其等地，也被称作法国薰衣草。以前，它在西方被用于药物、美容方面，但如兔子一般的俏皮花形，令其在现代主要被用于观赏。

耐热性强，耐寒性差，一旦气温低于零下5℃，就会枯萎。

市面上有各种由西班牙薰衣草及其近缘种杂交而来的西班牙薰衣草系栽培种。详情参见第22~26、87页。

袋状花穗尖端，生有使人联想到兔耳朵的苞片。花朵和叶片具有樟脑香。

原生种	西班牙薰衣草 *Lavandula stoechas*	
	西班牙薰衣草亚种 *L. stoechas* ssp. *pedunculata*	
	其他	
		栽培种
杂交种	西班牙薰衣草亚种 ─────────	埃文风暴（Avonview）等
	西班牙薰衣草系 × 柠檬薰衣草 ──	马歇伍德（Marshwood）等

＊柠檬薰衣草（其他品系）*L. viridis*

是西班牙西南部、葡萄牙南部、马德拉群岛原产的黄花的原生种。与西班牙薰衣草系一样，好似兔子的花形是其特征。花色是泛绿的奶油色，也被称作黄薰衣草。在西班牙薰衣草系的栽培种中，常被用作亲本。详情参见第26页。

齿叶薰衣草（*Lavandula dentata*）原产于西班牙巴利阿里群岛、非洲北部。也被称作锯齿薰衣草。

具四季开花性，从春季开到初夏、从秋季开到初冬，可以长时间地欣赏花朵。香味不太浓郁，被用作观赏性薰衣草。

常绿的叶片上有细小的缺刻（锯齿），学名（种名）*dentata* 便是来自拉丁语的"dent（齿）"。

耐热性强，耐寒性略差。因此，在寒冷、高寒地区应种在花盆里，置于室内过冬。详情参见第 27、87 页。

别名流苏薰衣草缘自花穗尖端的苞片。叶片上的细小缺刻是它的特征。

羽叶薰衣草系

羽叶薰衣草系包含了原产于地中海沿岸西部地区的蕨叶薰衣草（*Lavandula multifida*）、原产于西班牙加那利群岛和葡萄牙马德拉群岛的羽叶薰衣草（*Lavandula pinnata*）、原产于西班牙加那利群岛的加那利薰衣草（*Lavandula canariensis*）等多个原生种和杂交种，如今已是难以区分开来了。主要用于观赏，市面上有蕾丝薰衣草（Lace Lavender）、蕨叶薰衣草的花苗、盆栽花。详情参见第28、87页。

耐热性一般，耐寒性差，温度一旦低于0℃，就有可能枯萎。

香味虽淡，但拥有四季开花性的可爱花朵和状似蕾丝的深裂叶，观赏价值很高。

其他薰衣草

除了本书提及的5个主要品系，还有许多其他品系的原生种和杂交种。下面介绍其中的代表性品种。

● 甜薰衣草（*Lavandula heterophylla*）

19世纪初被发现于法国和意大利，为齿叶薰衣草与宽叶薰衣草的杂交种。生长旺盛，可发育为大棵植株，能长时间开花。详情参见第29页。

● 薰衣草"索耶斯"（Sawyers）

为原生种绵毛薰衣草（*Lavandula lanata*）与英国薰衣草系的杂交种，能观赏到泛白的美丽叶片。详情参见第29页。

英国薰衣草系
（常见薰衣草）

←↓芳香蓝
Aromatico Blue

开花期 / 5 月下旬至 6 月下旬、
10 月上旬至 11 月下旬
株高 / 35~45cm　冠幅 / 40~60cm

富含芳香性强的"芳樟醇"。耐热性较强，秋季也能开花，一年可赏两次花。

NP·N.Kamibayashi

↑ 希德寇特

Hidcote

开花期 / 5 月下旬至 6 月中旬
株高 / 40~50cm　　冠幅 / 40~50cm

英国薰衣草系的代表性品种。深紫色的小花密
集绽放。香味十分好闻，即使制成干花，也能
留住花色与香味。株形紧凑。

↓ 小妈妈

Little Mommy

开花期 / 5 月下旬至 6 月上旬、
　　　　9 月上旬至 10 月中旬
株高 / 约 50cm　　冠幅 / 约 50cm

耐热性强，可于温暖地区栽培，是"长崎薰衣草"
系列中的当家花旦。属于春秋开花的两季开花
性薰衣草。株形紧凑。

Nagasaki lavender

NP-T.Narikiyo

开花期 / 5 月下旬至 6 月中旬
株高 / 50~60cm　　冠幅 / 60~70cm

植株体积大，花朵数量多。花穗呈浓郁的紫色，
与纤细的银色叶片相映成趣。花穗紧凑。

↓ 阿维尼翁新蓝
Avignon Early Blue

开花期 / 5 月下旬至 6 月中旬
株高 / 50~60cm　　冠幅 / 40~50cm

在英国薰衣草系中算是强健好养的品种。花穗
紧凑，花色特别浓郁。会长出分枝，生长得十
分茂盛。茎健壮，适合地栽。

NP-T.Narikiyo

NP-T.Narikiyo

↑ 蓝矛
Blue Spear

开花期 / 5 月下旬至 6 月中旬
株高 / 50~60cm　　冠幅 / 40~50cm

花穗特别长。植株紧凑抢眼。在英国薰衣草系
中属耐寒性很强的，甚至能挺过零下 20℃。

深紫
Deep Purple

开花期 / 5 月下旬至 6 月中旬
株高 / 40~50cm　　冠幅 / 40~50cm

花穗紧凑，花色是浓郁的蓝紫色。香味清爽。
分枝整齐，植株紧凑。

↓ 皇家紫
Royal Purple

开花期 / 5 月下旬至 6 月中旬
株高 / 50~60cm　冠幅 / 60~70cm

由英国苗圃培育而成的代表性香料品种。花朵
呈深紫色，香气宜人，花穗长而结实，因此适
合制成干花。

↑ 紫山
Purple Mountain

开花期 / 5 月下旬至 6 月中旬
株高 / 40~50cm　冠幅 / 40~50cm

花萼、花色均为十分浓郁的紫色，香味很好闻。
株形紧凑。

↑ 香宜蓝
Sentivia Blue

开花期 / 5 月下旬至 6 月下旬、
　　　　10 月上旬至 11 月下旬
株高 / 35~45cm　冠幅 / 40~60cm

在英国薰衣草系中，属于难得一见的、一年开
两次花的品种，春秋各一次。夏季尽量在湿度低、
通风好的位置管理，这样秋季也能开花。

↓ 艾琳道尔
Irene Doyle

开花期 / 5 月下旬至 6 月下旬、
　　　　10 月上旬至 11 月中旬
株高 / 50~60cm　冠幅 / 60~70cm

两季开花性，于春季和秋季开花。花朵是好看
的淡紫色，花萼呈绿色，给人以优雅的感觉。
甜美的香味使人联想到柑橘。

↓ 山丘紫
Okamurasaki

开花期 / 5 月下旬至 6 月中旬
株高 / 40~50cm　冠幅 / 40~50cm

北海道地区培育出的日本产薰衣草。花穗较长，花色
是泛蓝的紫色。花茎长，容易弯曲，种植时可以把
土堆高些，或种在深花盆中，摆放在离开地面的位置。

18

窄叶薰衣草系

格罗索↓→
Grosso

开花期 / 6 月下旬至 7 月下旬
株高 / 80~100cm　冠幅 / 80~100cm

窄叶薰衣草系的代表性品种。大量花穗挺立向上，适合做成薰衣草花束等工艺品。横向扩张性好，体积大。耐热性较强，适合温暖地区。

NP-T.Narikiyo

NP-M.Tanaka

NP·M.Tanaka

↑ 磨磨蹭蹭
Dilly Dilly

开花期 / 6 月下旬至 7 月下旬
株高 / 80~100cm　冠幅 / 80~100cm

　　"格罗索"的选育种（selected species）。
花穗长，开着蓝紫色的花朵。花萼泛紫，叶片
带一点银色。植株会略微地横向扩张。

NP·T.Narikiyo

↑ 普罗旺斯
Provence

开花期 / 7 月
株高 / 80~100cm　冠幅 / 80~100cm

花比"格罗索"开得晚，具多花性。花朵呈淡
淡的蓝紫色，色彩柔和。强健好养。

NP-T.Narikiyo

← 一千零一夜
← 一千零一夜
Arabian Night

开花期 / 6 月下旬至 7 月下旬
株高 / 80~100cm　　冠幅 / 80~100cm

"超级"的选育种。开大量花朵，花穗梢纤细。
香味浓郁。生长迅速，能发育成大棵植株。

↓ 巨白
Large White

开花期 / 6 月下旬至 7 月下旬
株高 / 80~100cm　　冠幅 / 80~100cm

开难得一见的白色花朵。和其他的窄叶薰衣草
系品种一样体积大，也能采集到许多花朵。花
穗略小。

NP-M.Tanaka

NP-T.Narikiyo

↑ 超级
Super

开花期 / 6 月下旬至 7 月下旬
株高 / 80~100cm　　冠幅 / 80~100cm

用于提炼精油的改良品种。花朵是泛红的淡紫
色，花穗纤细，花萼呈绿紫色。香气甜美。生
长旺盛，植株强健。

西班牙薰衣草系
（法国薰衣草）

T.Geji

NP·T.Kamibayashi

埃文风暴↑→
Avonview

开花期 / 4 月下旬至 5 月中旬
株高 / 40~60cm　　冠幅 / 60~80cm

新西兰培育的品种。花茎长，大大的苞片呈淡
紫色。趁早回剪的话，还能欣赏二茬花。生长
茂盛，耐热性较强，对闷热也有一定的抵抗力。

NP·S.Maruyama

← 马歇伍德
Marshwood

开花期 / 4 月中旬至 5 月中旬
株高 / 40~60cm　　冠幅 / 60~80cm

由西班牙薰衣草系与柠檬薰衣草杂交而来的大
型品种。生长旺盛，花朵数量多，拥有淡紫中
透着粉色的花朵和酒红色的苞片。香味独特。

↓ 盛夏
Noble Summer

开花期 / 4 月中旬至 5 月中旬
株高 / 40~60cm　　冠幅 / 60~80cm

花朵数量多，大大的花穗上开着深紫色的花朵。
苞片呈淡紫色，富有层次感的紫色格外美丽。

NP·T.Narikiyo

23

NP-T.Narikiyo

↓ 丘红
Kew Red

开花期 / 3 月下旬至 5 月中旬
株高 / 50~60cm　冠幅 / 40~50cm

小巧的花穗配上玫瑰粉的花朵、淡粉色的苞片，
样子可爱极了。花朵数量多，尽早摘掉残花还
能开出下一茬。整体紧凑。

NP-Y.Itoh

← "拉贝拉（Labela）"系列

开花期 / 3 月下旬至 5 月下旬
株高 / 50~60cm　冠幅 / 50~60cm

3 月下旬就抢先一步开花。生长旺盛，花朵数量
多，开得十分繁茂。花穗大，图中品种为"深粉
（Deep Pink）"。

NP-T.Narikiyo

↑ 公主
Princess

开花期 / 3 月下旬至 6 月下旬
株高 / 40~50cm　冠幅 / 40~50cm

大大的花穗上开着浓郁的令人惊艳的粉红色花
朵。苞片也很大，颇为显眼。花朵数量多，尽
早摘掉残花便能反复开花。

NP-T.Narikiyo

← "花边（Ruffles）"系列

开花期 / 3 月下旬至 6 月下旬
株高 / 40~50cm　冠幅 / 40~50cm

连续开花的性质很强，能够长期赏花。苞片
长。图中品种为"甜莓花边（Sweetberry
Ruffles）"。

NP-T.Narikiyo

↓ 棉帽子
Wataboushi

开花期 / 3 月下旬至 5 月中旬
株高 / 40~50cm　　冠幅 / 50~60cm

紫色的花朵与白色的苞片构成了清爽的组合。
小巧的花朵与紧凑的株形十分和谐。摘掉残花，
一个月后便能开出二茬花。

NP-Y.Itoh

↑ 印花布
Calico

开花期 / 4 月中旬至 5 月中旬
株高 / 50~60cm　　冠幅 / 50~60cm

淡粉色的花朵与奶油色的苞片组成了罕见的色
彩组合。叶片呈黄绿色。开花略晚，4 月中旬
才开。生长旺盛。

NP-T.Narikiyo NP-N.Kamibayashi

↑ 幽灵公主
Princess Ghost

开花期 / 3 月下旬至 6 月下旬
株高 / 40~50cm　冠幅 / 40~50cm

花色是可爱的粉色系。银色的叶片很好看，花期结束后能当作观叶植物来全年欣赏。

↑ 银色阿努克
Silver Anouk

开花期 / 3 月下旬至 6 月下旬
株高 / 40~50cm　冠幅 / 40~50cm

强健且具备耐热性。花朵是深紫色，苞片则是淡紫色。作为一种美丽的银叶薰衣草，开花期之外也有较高的观赏价值。

T.Geji

← 黄花
Yellow Flower

开花期 / 4 月中旬至 5 月中旬
株高 / 40~50cm　冠幅 / 40~50cm

柠檬薰衣草（参见第 11 页）的栽培种。柠檬薰衣草是"黄花"的原生种，虽然很像西班牙薰衣草，但其实是其他品系的。花期短，株形容易变乱。

齿叶薰衣草系

E.Yajima

叶片边缘的细齿是其特征。

齿叶薰衣草↑→
Lavandula dentata

开花期 / 4 月下旬至 6 月下旬、
10 月上旬至 12 月下旬
株高 / 80~100cm　冠幅 / 60~80cm

原产于西班牙巴利阿里群岛、非洲北部。叶片
边缘有细小缺刻。具四季开花性，花期长，苞
片长在粗壮饱满的花穗尖上。

NP-T.Narikiyo

27

羽叶薰衣草系

↑ N.N.Kamibayashi

↓ 羽叶薰衣草
Lavandula pinnata

开花期 / 3 月下旬至 7 月下旬、
　　　　9 月下旬至 12 月下旬
株高 / 80~100cm

原产于西班牙加那利群岛、葡萄牙马德拉群岛。
别名大花蕾丝薰衣草。叶片深裂成羽毛状，花
穗分成 3 根。具四季开花性。

T.Geji

← 蕨叶薰衣草
Lavandula multifida

开花期 / 3 月上旬至 7 月下旬、
　　　　9 月下旬至 12 月下旬
株高 / 30~100cm

原产于地中海沿岸的西部地区。叶片为羽毛一般
的深裂叶。花穗容易分成 3 根，具四季开花性。

T.Geji

↑ 加那利薰衣草
Lavandula canariensis

开花期 / 3 月上旬至 7 月下旬、
　　　　9 月下旬至 12 月下旬
株高 / 80~150cm　　冠幅 / 60~80cm

原产于西班牙加那利群岛的大型品种。叶片为
深裂叶。花朵相对较少，但花形和株形富有魅
力。花穗在根部分成多根。

其他薰衣草
（杂交种）

→ 甜薰衣草
Sweet Lavender

开花期 / 全年
株高 / 50~100cm　　冠幅 / 80~100cm

原生种齿叶薰衣草与宽叶薰衣草的杂交种。蓝紫色的花朵香气宜人。生长迅速，能发育成大棵植株。耐热性、耐寒性请参考齿叶薰衣草。

↓ 索耶斯
Sawyers

开花期 / 6 月
株高 / 50~60cm　　冠幅 / 50~60cm

为原生种绵毛薰衣草与英国薰衣草系的杂交种。挺拔的外形很像英国薰衣草系品种，能开出蓝紫色的花朵。叶片为银色。

NP-T.Narikiyo

NP-M.Tanaka

← 阿拉迪薰衣草
Lavandula × allardii

开花期 / 6 月上旬至 7 月中旬、
　　　　10 月上旬至 11 月下旬
株高 / 50~100cm　　冠幅 / 50~100cm

普遍被认为是原生种宽叶薰衣草与齿叶薰衣草的杂交种。花穗、株形、香味与齿叶薰衣草相似，美丽的银色叶片则与宽叶薰衣草相似。

梅尔洛 →
Meerlo

开花期 / 6 月上旬至 7 月中旬
株高 / 60~100cm　　冠幅 / 50~100cm

属于阿拉迪薰衣草的斑叶品种，十分强健，也可作为观叶植物来欣赏。叶片为深裂叶。耐热性、耐寒性（零下 2℃）均强。能开出芳香的亮紫色花朵。

12 月栽培笔记

按月整理了主要工作与管理要点。
对不同品系的薰衣草进行合理的管理，
享受花朵的美丽与芬芳吧！

深紫早咲

Lavender

N.P.S.Oizumi

薰衣草栽培的主要工作和管理要点月历

		1月	2月	3月	4月	5月
生长状态	西班牙薰衣草系			开花		
	英国薰衣草系※	休眠			开花	
	窄叶薰衣草系		休眠			

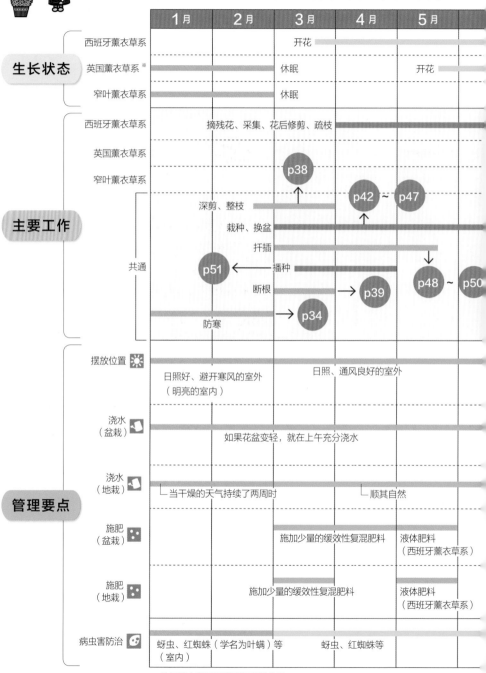

主要工作

西班牙薰衣草系 　摘残花、采集、花后修剪、疏枝

英国薰衣草系

窄叶薰衣草系 p38

p42 ～ p47

共通 　深剪、整枝

栽种、换盆

扦插

p51 ← 播种

断根 → p39 p48 ～ p50

→ p34 防寒

管理要点

摆放位置 ☀

日照好、避开寒风的室外 日照、通风良好的室外
（明亮的室内）

浇水
（盆栽）

如果花盆变轻，就在上午充分浇水

浇水
（地栽）

当干燥的天气持续了两周时 顺其自然

施肥
（盆栽）

施加少量的缓效性复混肥料 液体肥料
（西班牙薰衣草系）

施肥
（地栽）

施加少量的缓效性复混肥料 液体肥料
（西班牙薰衣草系）

病虫害防治 🐛

蚜虫、红蜘蛛（学名为叶螨）等 蚜虫、红蜘蛛等
（室内）

※ 英国薰衣草系以单季开花性为准。

6月	7月	8月	9月	10月	11月	12月

休眠

休眠

开花

→ p54 、 p55

采集、疏枝 → p60 、 p61

采集、疏枝 → p60 、 p61

p42 ~ p47

栽种、换盆

扦插 → p48 ~ p50

播种 → p51

p34

移栽

防寒

p68 、 p69 p72 、 p73

避雨（盆栽） 避开西晒 日照、通风良好的室外 日照好、避开寒风的室外（明亮的室内）

表土干燥时，于早上或傍晚充分浇水 减少浇水次数，少量浇水

如果花盆变轻，就在上午充分浇水

当干燥的天气持续了两周时

秋季施一次少量的缓效性复混肥料

秋季施一次少量的缓效性复混肥料

蚜虫、红蜘蛛等（室内）

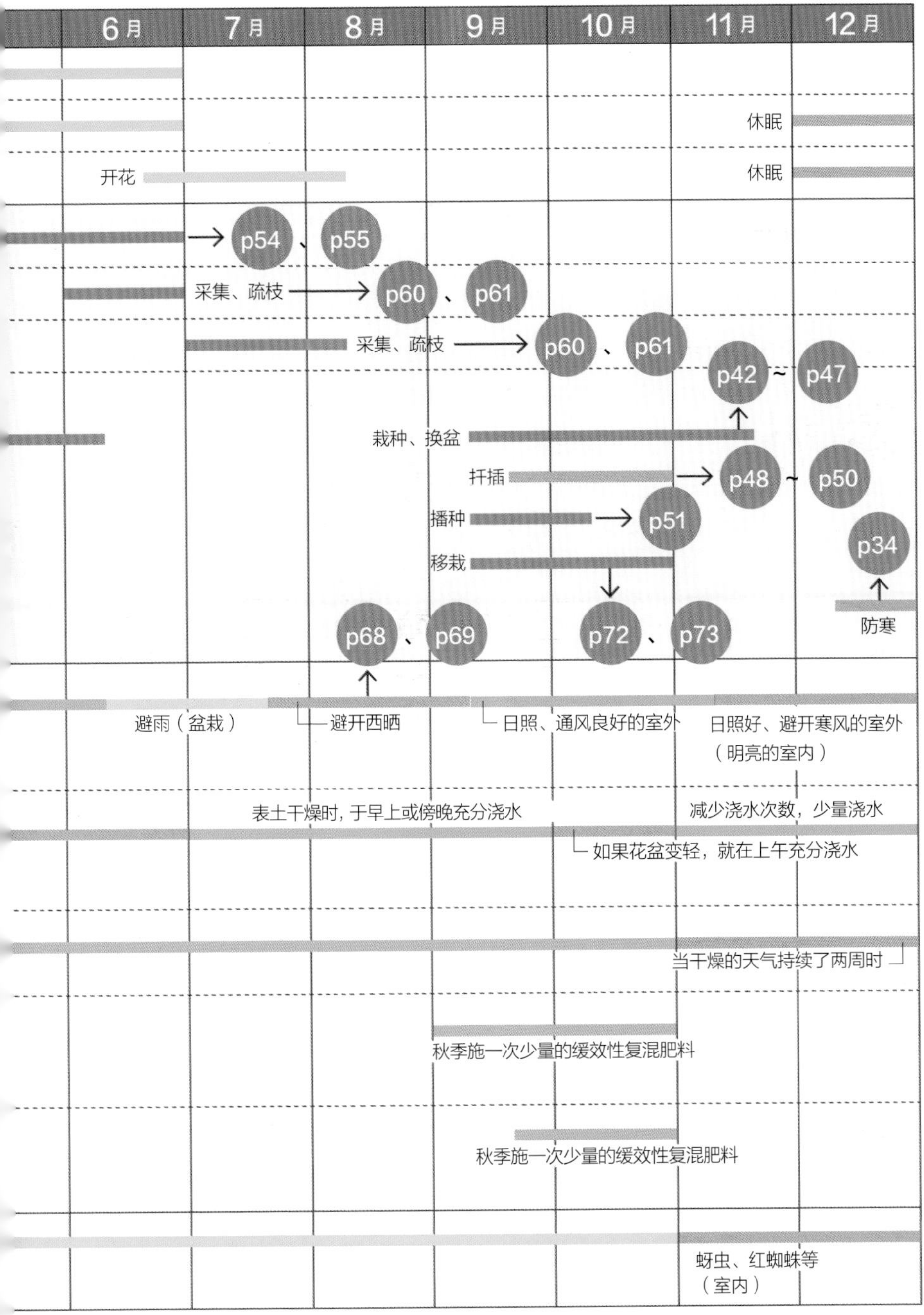

本月的主要工作

基本 防寒

基本 护根

基本 深剪、整枝

基本 基础工作

挑战 适合中级、高级栽培者的工作

1月和2月的薰衣草

耐严寒的地栽英国薰衣草系、窄叶薰衣草系品种,其银色叶片在冬日的阳光下熠熠生辉。冬季几乎不需要打理。对盆栽的羽叶薰衣草系品种而言,温度低至0℃时,西班牙薰衣草系、齿叶薰衣草系则是温度低于零下5℃时,需要将花盆摆在室内光线好的明亮位置。羽叶薰衣草系只要维持适宜的光照和温度,便能长时间开花,冬季也能欣赏到盆栽花朵。

地栽的窄叶薰衣草系"格罗索"。

主要工作

基本 防寒

盖上无纺布以遮挡寒风

冬季几乎不需要打理。

耐寒性强的英国薰衣草系品种只要不低于零下20℃,窄叶薰衣草系品种只要不低于零下15℃,就能在室外过冬。

不过,一旦遭遇猛烈的寒风,叶片就有可能干燥枯萎。尤其是在寒冷地区和高寒地区,如果为植株盖上无纺布以遮挡寒风,便能增加春季的萌芽量。

虽然不畏降雪,但积雪的重量会把植株压坏,也可能压断枝条。要是放心不下,可以在降雪之前用绳子等把植株捆好。

只要盖上一片无纺布,就能起到抵御寒风的作用。

本月的管理要点

❄ 摆在避开寒风的明亮室内或屋檐下

💧 盆栽在花盆变轻时浇水，地栽在干燥的天气持续了两周时浇水

▦ 不需要

🐛 蚜虫、红蜘蛛等（室内）

基本 护根

在冬季有保温的效果

全年把碎树皮铺在地栽植株的基部（护根），如此便能维持地温。

基本 深剪、整枝

2 月下旬可以开始

英国薰衣草系和窄叶薰衣草系品种需要深剪，西班牙薰衣草系品种则需要整枝。方法参见第 36、38 页。

专栏

薰衣草的休眠

耐寒性强的英国薰衣草系、窄叶薰衣草系品种会在冬季休眠。进入休眠的时间因品种而异。当温度低于 0℃时，西班牙薰衣草系、齿叶薰衣草系和羽叶薰衣草系品种会放慢生长速度。

生长期的绿叶（左）在进入休眠期后，会变成银叶（右）。在春季从休眠中苏醒后，叶色又将变回绿色。

管理要点

 盆栽

❄ **摆放：避开寒风的明亮位置**

摆在屋檐下等避开寒风的向阳处。把耐寒性差的品系摆进室内时，要放在明亮的窗边等位置。避免直接吹到空调的暖气。

💧 **浇水：注意过度潮湿和缺水**

要注意浇水过多导致的潮湿、干燥导致的缺水。当花盆变轻时，就在上午进行浇水。

▦ **施肥：不需要**

🌱 地栽

💧 **浇水：当干燥的天气持续了两周时**

如果连续两周没有降雨或降雪，就为植株浇水。

▦ **施肥：不需要**

病虫害的防治

蚜虫、红蜘蛛等

对于摆进室内的盆栽，需要注意蚜虫、红蜘蛛等害虫。防治方法参见第41 页。

基本 基础工作

挑战 适合中级、高级栽培者的工作

本月的主要工作

基本 种植、换盆

基本 深剪、整枝

基本 护根

挑战 断根

挑战 扦插

挑战 播种

3月的薰衣草

冬季休眠的英国薰衣草系、窄叶薰衣草系品种苏醒过来，随着气温的上升，叶片由银色变成了绿色。西班牙薰衣草系品种将从下旬左右开始开花。

园艺店迫不及待地把各种薰衣草的盆栽苗、羽叶薰衣草品种的开花苗摆上店头，提前通知我们薰衣草季的到来。

3月下旬开花的西班牙薰衣草系"棉帽子"。

主要工作

基本 **种植、换盆**

每周透气一次，让植株习惯

早春上市的许多苗，都是温室培育的。每周让植株在外面透气一次，令其慢慢习惯后再种入花盆吧。地栽的话，则等到晚霜不再出现后种植。换盆于每年的春季或秋季进行。方法参见第42~47页。

基本 **深剪、整枝**

回剪至株高的一半

每年冒出新芽前，都得把英国薰衣草系、窄叶薰衣草系品种回剪至整体株高的一半（深剪）。如此能增加枝条数量，打造美丽的株形，花朵也会变多。若不进行深剪，闷热会令枝条枯萎或底部叶片掉落，致使株形混乱不堪、枝条老化，开花量也会变少。

西班牙薰衣草系品种无须深剪，整理乱枝和枯枝、调整株形即可（整枝）。不过，高龄大株每2~3年需要深剪一次，以使植株恢复活力。

本月的管理要点

❄ 日照、通风良好的室外

💧 盆栽在花盆变轻时浇水，地栽顺其自然

🟫 追肥

🐛 蚜虫、红蜘蛛等

管理要点

🪣 盆栽

❄ **摆放：日照、通风良好的室外**

　　3月下旬起，白天把室内的西班牙薰衣草系、羽叶薰衣草系盆栽摆在室外，让植株逐渐习惯外面。

💧 **浇水：花盆变轻后**

　　花盆变轻后，在上午浇水。注意避免过度潮湿和缺水。

🟫 **施肥：追肥**

　　施加缓效性复混肥料时，要比规定量少一点点。

🔼 地栽

💧 **浇水：基本上顺其自然**

　　刚种完苗时要充分浇水。其后如果连续多日干燥，再进行浇水。

🟫 **施肥：追肥**

　　施加迟效性化成肥料时，比规定量要少一点点。

🪣 🔼 病虫害的防治

蚜虫、红蜘蛛等

　　防治方法参见第 41 页。

基本 **护根**

　　当碎树皮变少时，就进行补充。

挑战 **断根**

移栽前让植株生出细根

　　种植超过 3 年后，薰衣草的细根就会变少。如果在切断粗根后立刻移栽，植株有可能无法吸收水分，进而枯萎。要移栽种了 3 年以上的植株时，需在 3 月进行断根，再于秋季移栽（参见第 72、73 页）。未满 3 年的植株则不用断根。

挑战 **扦插**

　　方法参见第 48~50 页。

挑战 **播种**

　　春分过后，就可以播种了。发芽的适宜温度（地温）为 15~20℃。方法参见第 51 页。

无论是盆栽还是地栽，都在新芽萌发前回剪至整体株高的一半。

深剪前

休眠期的窄叶薰衣草系"格罗索"。每年都应在新芽生长前进行深剪。

深剪后

深剪至原株高一半的植株（前面的这株）。新芽长出后，植株就会变成茂盛的半球状。

1 检查芽点

如果回剪没有芽点的枝条，枝条就会枯萎，因此要检查修剪处的下方有没有芽点。

2 回剪至一半

用剪刀把整棵植株回剪至株高的一半，促使其长成半球状。

由于没有进行深剪，"格罗索"只有上面才有叶片。如此一来，底部就难以萌发新芽，不便于重新修整。

挑战 断根　适宜时期：3 月

种植超过 3 年的植株，应在移栽前断根，令其生出细根。

切掉根梢

对根梢进行"深剪"。在距离树冠外侧约 10cm 处，将铁锹垂直插入土中约 30cm 深，切断根梢。

断根后

断根的一周后。在秋季移栽前，维持这样的状态来管理。

种植超过 3 年后，细根会变少，长出 3、4 根牛蒡似的直根。切掉粗根的根梢，令其生出细根后再进行移栽。

在树冠外侧的约 10cm 处，垂直插入铁锹进行断根，令其生出细根。

10cm

10cm

细根

直根

本月的主要工作

基本 栽种、换盆

基本 摘残花、采集

基本 护根

挑战 扦插

挑战 播种

4月的薰衣草

这是一年中薰衣草盆栽苗流通量最大的时期。要寻找、购买喜欢的薰衣草,本月最为合适。

在西班牙薰衣草和齿叶薰衣草系中,大多数品种都开了春季的头茬花。而在早春深剪过的英国薰衣草系和窄叶薰衣草系品种,则开始冒出娇嫩的新芽。

开始开花的西班牙薰衣草系"马歇伍德"。

主要工作

基本 栽种、换盆

盆栽于每年春季或秋季换盆

买回来的盆栽苗要立刻种进花盆里。在第2年以后,可于每年春季深剪(参见第36、38页)后的第三周或秋季进行换盆。

把耐热性差的英国薰衣草品种种进庭院时,植株可能无法安然度夏,出现枯萎现象,因此先让植株在花盆里休养,到了秋季再种进庭院,如此能降低栽种失败率。在温暖地区,也建议在秋季种植窄叶薰衣草系品种。而耐热性强的西班牙薰衣草系品种,只要在春季种进庭院,就能茁壮生长。

基本 摘残花、采集

西班牙薰衣草系品种在开完花后,要摘残花(参见第54页)。还能享受收获的乐趣。

基本 护根

地栽植株需要全年护根,能防止泥土飞溅和杂草生长。

挑战 扦插

每隔5~6年就更替植株

薰衣草的底部叶片会枯萎,株形

本月的管理要点

- ☀ 日照、通风良好的室外
- 💧 盆栽在花盆变轻时浇水，地栽顺其自然
- ▣ 追肥（地栽不需要）
- ◉ 蚜虫、红蜘蛛等

容易变乱，过了几年，花朵数量也会减少。可以通过扦插来增加与母本性质相同的植株（参见第48~50页），每5~6年就更替成新的植株吧。

在春秋两季，西班牙薰衣草系品种可随时进行扦插。英国薰衣草系品种和窄叶薰衣草系品种，适合在生出花茎前的3月中旬至4月下旬、10月进行扦插。春季深剪掉的枝条也可用作插穗。

 播种

发芽的适宜温度为15℃以上

如果想拥有大量的幼苗，不妨购买市面上的种子，来挑战播种吧。发芽的适宜温度（地温）为15~20℃。

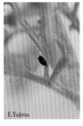

潜藏在叶片根部的蚜虫。对其进行捕杀或喷洒针对性的药剂。

叶片内侧的红蜘蛛。如果损害较轻，就摘掉整枚叶片。叶水（为叶片喷水）可起到预防作用。

管理要点

🪣 盆栽

☀ **摆放：日照、通风良好的室外**

💧 **浇水：花盆变轻后**

花盆变轻后，在上午浇水。注意避免过度潮湿和缺水。

▣ **施肥：追肥**

施加缓效性复混肥料时，要比规定量少一点点。

🌱 地栽

💧 **浇水：基本上顺其自然**

刚种完苗时要充分浇水。其后如果连续多日干燥，再进行浇水。

▣ **施肥：不需要**

🪣🌱 病虫害的防治

蚜虫、红蜘蛛等

虽然损害不大，但在新芽生长的4—5月和冬季的室内，有时会出现蚜虫、红蜘蛛等害虫。偶尔还有细菌、霉菌引发的斑点性疾病，但是无须用药剂来防治。管理时避免过度潮湿、加强通风，便能达到预防目的。

购买盆栽苗后，种进大两圈左右的花盆里。

准备材料

盆栽苗【图中为种在3.5号育苗盆（直径
10.5cm⊖）里的西班牙薰衣草系"公主"】
花盆（5~6号的陶盆）、培养土（参见第88页）、
盆底石（轻石等）、铲子等

浅栽在排水性好的土壤里

薰衣草忌讳过度潮湿和闷热。在盆
底铺上厚厚的轻石等物，用排水性好的
培养土来种植。花盆建议选透气性好
的陶盆。如果介意重量，也可以用盆底
孔多的塑料盆。

种植的深度也很关键。为避免过度
潮湿，对植株进行浅栽，能看见根球的
上表面即可。

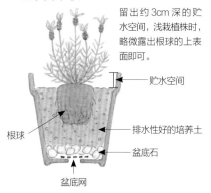

留出约3cm深的贮
水空间，浅栽植株时，
略微露出根球的上表
面即可。

→ 贮水空间

→ 排水性好的培养土

根球 →

→ 盆底石

→ 盆底网

⊖ 花盆每大或小一号，直径差值约为3cm。

①

铺上盆底石与培养土

用盆底网盖住盆底孔，再铺上
2~3cm厚的轻石等物。填入培养
土，盖住轻石。

②

弄散根球

摘掉育苗盆，用手轻轻弄散根球底
部。如果根系牢牢缠绕在一起，就
轻轻弄散根球侧面。

③

调节高度

把处理好的苗放在花盆里，观察种植
的高度，留出约3cm的贮水空间。为
底部填充培养土以调节苗的高度。

4

填入培养土

把苗种在花盆中央，在花盆与根球的间隙填入培养土。将手指插进花盆边缘，消除缝隙。

NP-T.Narikiyo

5

紧实土壤

一边旋转花盆，一边轻轻拍打盆底，以紧实土壤。根球的上表面微微露出土壤即可。土壤不够的话，就继续填充。

NP-T.Narikiyo

6

充分浇水

充分浇水至水从盆底流出。将花盆在半背阴处放置1~2天后，再摆在日照良好的地方进行管理。

NP-T.Narikiyo

种植前剪掉花朵

对于英国薰衣草系和窄叶薰衣草系品种，如果盆栽苗上有花蕾或花朵，就得在种植前剪掉它们，把养分留给植株生长用，如此有利于越夏后的生长。在第一年，让植株的生长优先于开花，这样能使第二年的花朵量增加近一倍，植株本身也更长寿。而其他品系的薰衣草，如果苗上花朵数量较多，就减少三分之一左右。

NP-T.Narikiyo

种植前，剪去叶片上方的花茎。图中为窄叶薰衣草系的"格罗索"。

NP-T.Narikiyo

剪掉花朵后，以这样的状态进行种植。

基本 **换盆** │ 适宜时期：3 月上旬至 5 月上旬、
　　　　　　　　　　　9 月中旬至 11 月中旬

盆栽的薰衣草，可在每年春季或秋季进行换盆。

准备材料

盆栽植株、大一圈的花盆、培养土（参见第 88
页）、盆底石（轻石等）、剪刀、铲子等

换至大一圈的花盆中

　　薰衣草生长旺盛，每年春季或秋季
都要换至大一圈（直径差值约 3cm）
的花盆里。如果一直种在原盆中，根系
会长满花盆，使得生长状况恶化，是造
成缺水的一种原因。

　　此外，弄散根球可以促进新根生
长，去掉旧土、填入新的培养土，也
可改善花盆中的环境。换新盆的方法和
盆栽苗的种植方法相同（参见第 42、
43 页）。

　　如果不想换大盆，就去掉一些旧土
（不要伤及根系），把根球缩小一圈后，
再往原花盆里填入新的培养土。

换盆前

NP-T.Narikiyo

在花盆里种了一年的植株。与植株的大小相比，
花盆太小了。

换盆后

NP-T.Narikiyo

春季换至大一圈的花盆后，植
株在开花期（6 月）的样子。
花盆与植株正好合适。

①

从盆中拔出植株

从盆中拔出植株并避免伤及植株。如果难以拔出，就用拳头轻轻敲打花盆边缘。

②

弄散根球底部

用手弄散根球底部，去掉旧土。

③

弄散根球侧面和表面

用手揉散根球侧面僵硬的根系，轻轻去掉旧土。也轻轻去掉根球表面的土壤。

④

剪断长根

用剪刀剪掉伸出根球的长根。

⑤

把植株种进花盆

根球整理完毕，往大一圈的花盆中填入新的培养土，种植时露出一点根球的上表面。

⑥

充分浇水

充分浇水至水从盆底流出。把花盆在半背阴处放置1~2天后，再摆在日照良好的地方进行管理。

45

定植于庭院 | 适宜时期：3月上旬至5月上旬（西班牙薰衣草系、窄叶薰衣草系）
9月中旬至11月中旬（西班牙薰衣草系、英国薰衣草系、窄叶薰衣草系）

在温暖地区，英国薰衣草系、窄叶薰衣草系品种可于秋季种植。

准备材料

盆栽苗【第47页的图片是种在3.5号育苗盆（直径10.5cm）中的西班牙薰衣草系"露西紫（Lusi Purple）"】、苦土石灰、腐叶土或树皮堆肥、基肥（磷含量高的缓效性复混肥料等）、移栽铲或铁锹等

进行高种以加强排水、防止闷热

对于耐热性强的西班牙薰衣草系品种，完全可以把春季至初夏间购买的苗立刻定植于庭院。而耐热性差的英国薰衣草系品种，则要在花盆里度过夏季，再于秋季定植于庭院，如此能降低失败率。在温暖地区，窄叶薰衣草系品种也建议在秋季种植。

将腐叶土或树皮堆肥拌入日照、通风良好的土地里，以改善排水性和透气性。添加有机物可增加微生物，有丰富土壤生态的效果。把植株种高一些，不仅能加强排水性，还能防止闷热，让植株生长更顺利。

种植多棵植株时，要调查好冠幅（参见第14~30、86、87页），预估几年后的生长状态，为植株留出充足的间隔。

高架床

打造一种架在砖头或板子上的花坛。离地面越远，排水性就越好，能防止过度潮湿和闷热。想在温暖地区种植耐热性差的品系时，建议使用高架床。

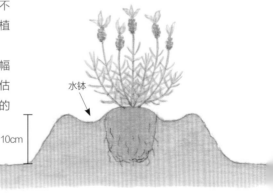

水钵

10cm

高种

如果无法摆放高架床，就把土壤堆高到10cm后再进行种植。刚种完时，为防止根系干燥，需在植株周围堆出一圈浅浅的水钵。

耕土

用移栽铲或铁锹为每棵植株仔细耕土，耕土的圆形区域的直径为 50~60cm、深度为 20cm 左右。

改良土壤

将 1 把苦土石灰、4 把腐叶土或树皮堆肥、略少于规定量的缓效性复混肥料均匀拌入土壤。

挖坑

把盆栽苗摆在想要种植的位置，确定位置与种植的高度。挖一个与根球大小相同的坑。

弄散根球

从育苗盆中取出苗，轻轻弄散根球的底部、侧面与上表面的根系。

种苗

将苗种进坑里，把周围的土壤堆拢起来。微微露出根球的上表面即可。高种可有效防止闷热。

充分浇水

在植株周围挖一圈浅浅的水钵，充分浇水。最后把碎树皮等物铺在土壤表面（护根。参见第 58、73 页），插上名牌。

扦插　　适宜时期：3月上旬至5月中旬、9月下旬至10月中旬（西班牙薰衣草系）
3月上旬至4月下旬、10月（英国薰衣草系、窄叶薰衣草系）

把插穗浸泡2~3h后再扦插，能提高成功率。

准备材料

母本、市面出售的扦插培养土、穴盘（图中为36穴，每穴大小4cm×4cm×4cm。可以用剪刀裁剪需要数量的穴）、剪刀、美工刀等

　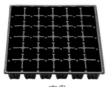

市面出售的扦插培养土　　　穴盘

NP-T.Narikiyo

让扦插培养土吸收水分

　　市面上的扦插培养土大多以泥炭藓为主，如果直接使用，浇在培养土上的水会溅开。需要把穴盘浸泡在水盆里，提前湿润培养土。

NP-T.Narikiyo

把培养土添加至穴盘的边缘，令其从底部充分吸水。

调整插穗

① 采集插穗

截取枝梢没有木质化的部分，只把必要的部分截取7~8cm长即可。

NP-T.Narikiyo

② 调整前的插穗

截下来的插穗。尽量选择节间紧凑的枝条。

NP-T.Narikiyo

③ 剪掉底部的叶片

将底部两节的叶片连根剪掉。

NP-T.Narikiyo

插入培养土

1 插入插穗

把插穗垂直插入吸水完毕的培养土，一穴插一根。为防止叶片被土壤埋住，只把摘掉了叶片的部分插进去。

NP-T.Narikiyo

2 充分浇水

用带花洒的喷壶从上方轻柔浇水。

NP-T.Narikiyo

4 倾斜回剪

用美工刀倾斜削短插穗。

NP-T.Narikiyo

5 剪叶片

把上面的叶片剪去约三分之一，以减少叶片的蒸腾量。

NP-T.Narikiyo

6 吸水

将切口浸入水中，吸水2~3个小时。

NP-T.Narikiyo

扦插后的管理

摆放在半背阴处，前三天于早晚浇水，之后每天用喷壶浇水一次，防止干燥。待到三周后，转移至明亮的背阴处，每天充分浇水一次，避免过度潮湿造成的闷热。

49

上盆 适宜时期：约在扦插的1个月后

① 检查根系

一个月后，若能在穴盘的底部看到根系，说明上盆的时机到了。

② 从穴盘中取出苗

用牙签等工具取出根球，避免弄散，从穴盘里拔出苗。

③ 种苗

在3号育苗盆（直径9cm）中加入培养土（参见第88页），把苗种进去。

NP-T.Narikiyo

上盆后的1~2天内，将花盆置于半背阴处，之后再转移到日照良好的地方管理。土壤干燥后，充分浇水。

种进花盆的时间，约在上盆的1个月后。定植于庭院的时间，春季扦插苗是上盆的1~2个月后，秋季扦插苗则是在上盆的2~3个月后。确定根系发育茁壮、形成了根球后，再挑个合适的时期定植吧。种植方法与种植购买的盆栽苗的方法相同（参见第42、43、46、47页）。

通过摘心来增加枝条

适宜时期：在上盆的1个月后

剪掉枝梢，让植株底部长出分枝，即摘心，就能增加枝条数量，使株形变成茂盛的半球状，花朵数量也会变多。

形成根球后，对第3、4节（从根部往上数）上的侧芽进行摘心，便能促进底部腋芽的生长，增加枝条数量。

E.Yajima

挑战 播种

适宜时期：3月中旬至4月下旬、
9月中旬至10月上旬

春季和秋季可以播种。

准备材料

市面出售的种子、市面出售
的种子培养土、穴盘（参见
第48页）、竹签、厚纸等

市面出售的种子

市面出售的种子培养土

播种

在穴盘里填入种子培养土，提前湿润土壤（参见
第48页）。把纸对折后，盛上种子，用竹签等工
具进行播种，每穴2、3颗。

盖上土壤

盖一层薄薄的土壤，遮住种子即可。在明亮的背
阴处进行管理，避免干燥。一周左右萌芽，将其
转移至向阳处，土壤干燥时，用细目喷壶浇水。

上盆

播种的4~6周后，上盆至3~3.5号育苗盆（直径
9~10.5cm）里。其后的操作时间请参照下表。

播种后的操作适宜时期

春季播种（3月中旬至4月下旬）	
上盆（3~3.5号盆）	播种4~6周后
定植于花盆（5号盆）	上盆4~6周后
定植于庭院	9—11月

秋季播种（9月中旬至10月上旬）	
上盆（3~3.5号盆）	播种4~6周后
定植于花盆（5号盆）	上盆3个月后
定植于庭院	3—5月、9—11月

51

基本 基础工作

挑战 适合中级、高级栽培者的工作

本月的主要工作

基本 种于花盆、庭院

基本 换盆

基本 护根

基本 摘残花、采集、花后修剪和疏枝

挑战 扦插

5月的薰衣草

　　本月是一年中最接近原产地气候、薰衣草过得较惬意的月份。各种薰衣草的盆栽苗和盆栽花也被摆上了店头。

　　西班牙薰衣草系、齿叶薰衣草系、羽叶薰衣草系品种将迎来开花的高峰期。英国薰衣草品种开始出现娇小的花蕾，并大约于下旬开花。新芽容易招来害虫，因此要仔细观察。

T.Goji

西班牙薰衣草系长期热门的大型品种"马歇伍德"。

主要工作

基本 种于花盆、庭院

　　以4月为准（参见第42、43、46、47页）。

基本 换盆

　　以4月为准（参见第44、45页）。

基本 护根

　　地栽植株全年都需要护根。

基本 摘残花、采集、花后修剪和疏枝

开完花后尽早摘残花

　　花期长的西班牙薰衣草系品种，需在花后尽早摘掉花穗或摘下整根花茎，以减少植株消耗的养分等。

　　待整棵植株开完花后，需在入梅前进行修剪、疏枝。西班牙薰衣草系不会像其他耐热性差的品系一样出现闷热情况，所以只要剪掉窜出来的长枝、为内侧的乱枝进行疏枝、调整株形即可。齿叶薰衣草系、羽叶薰衣草系品种也进行同样的操作。

挑战 扦插

　　以4月为准（参见第48~50页）。

本月的管理要点

❄ 日照、通风良好的室外

🌙 盆栽在花盆变轻时浇水，地栽顺其自然

🎲 追肥（仅西班牙薰衣草系）

🐛 蚜虫、红蜘蛛等

管理要点

🪴 盆栽

❄ **摆放：日照、通风良好的室外**

🌙 **浇水：花盆变轻后**

　　花盆变轻后，在上午浇水。注意避免过度潮湿和缺水，维持在略微干燥的状态。

🎲 **施肥：追肥**

　　如果西班牙薰衣草系品种生长缓慢，就在浇水的同时施包含等量三要素的液体肥料。

🔼 地栽

🌙 **浇水：基本上顺其自然**

　　刚种完苗时要充分浇水。其后如果连续多日干燥，再进行浇水。

🎲 **施肥：追肥**

　　如果西班牙薰衣草系品种生长缓慢，就在浇水的同时施包含等量三要素的液体肥料。

🪴🔼 病虫害的防治

蚜虫、红蜘蛛等

　　防治方法参见第 41 页。

防治方法参见第 41 页。

专栏

母亲节的薰衣草

　　最近，英国薰衣草系的盆栽花也和康乃馨、绣球花、月季等植物一样，被当作母亲节的礼物摆上了店头。

　　只要在低温（比休眠温度稍高一点儿）环境中放置一段时间，薰衣草就能从休眠中苏醒，并能在长日下形成花芽。英国薰衣草系品种苏醒得晚，要赶在母亲节开花需要一定技术。

　　经过各种努力改良后，于母亲节开花的"阿维尼翁新蓝""芳香"等早熟品种诞生了。现在能欣赏到如此之多的品种，都是得益于母亲节。

母亲节的热门礼物"芳香"。

NP-S.Oizumi

适宜时期：
4月上旬至6月下旬

开完花后尽早剪掉花穗，防止植株疲劳。

根据花朵而不是苞片来判断

　　仔细观察西班牙薰衣草系品种的花穗，会发现上面排列着许多小花。长得像兔耳朵的部位不是花朵，而是苞片。观察花朵，如果有衰老的迹象，或花后枯萎成了茶色，即使苞片还可以，也要尽早剪掉花穗，这样植株才不会疲劳。

操作前

苞片还很漂亮，可仔细一看，花都开败了。

操作后

如果植株太单调，可以在下一茬花朵开放前保留1、2朵。

找到花穗的根部，紧挨着叶片上方下剪。

专栏

欣赏二茬花

　　尽早摘残花，为植株保留体力，这样叶片的根部就能形成腋芽，还能欣赏二茬花。二茬花虽然比头茬花小了点，但能够长时间欣赏。

比头茬花小的二茬花。

不再形成新的花茎后，在入梅前回剪。

回剪前

NP-T.Narikiyo

花朵全部开完的植株。需在入梅前完成回剪。

回剪后

NP-T.Narikiyo

西班牙薰衣草系品种的闷热情况并不严重，
剪掉多余枝条、略微调整株形即可。

先剪掉残花。一边观察株形，一边回剪向外侧扩张的枝条，保留植株基部上方的1、2个芽点即可。

1

回剪外侧枝条

NP-T.Narikiyo

连根剪断植株内部混乱的枝条。

2

为内部疏枝

NP-T.Narikiyo

回剪至原本株高的二分之一到三分之二，将株形调整为半球状。

3

整体回剪

NP-T.Narikiyo

55

薰衣草不是草而是树

幼苗时期的薰衣草，枝叶柔嫩，长得像草花，可实际上它并非草而是常绿灌木。

因此，我们得在每年初春进行深剪，促使植株底部萌发新芽，否则底部叶片会逐渐掉落、枝条木质化，外形变得像盆栽树木一样。

那样的话，不仅没法欣赏茂盛的株形，翘首盼望采花的英国薰衣草系和窄叶薰衣草系品种的花朵也会变少，采集量随之减少（参见第38页）。

如果没有进行深剪就迎来了开花期，即使放弃这一年的花朵，也要尽早重新调整，这样才能长期维持好看的株形。

为忘记修剪的植株重新调整株形

对上一年没有修剪的植株进行深剪，重新调整株形。

重新调整前

NP-T.Narikiyo

上一年花后未进行疏枝、春季未进行深剪的"格罗索"。由于植株底部仍有萌芽，所以还能重新调整株形。虽然形成花蕾了，但是得尽快进行深剪，重新调整。

木质化的植株

✕

NP-T.Narikiyo

底部叶片掉落、底部木质化的窄叶薰衣草系"格罗索"。这样一来，底部不会再萌发新芽，难以靠深剪来重新调整株形。

重新调整后

刚刚调整完的植株。如果上一年和春季没有进行换盆，现在也可以操作。

NP-T.Narikiyo

约一个月后。芽开始了生长。

NP-T.Narikiyo

约7个月后。底部叶片生长，恢复了饱满、浓密的株形。进入休眠期后，叶片变成了银色。

E.Yajima

1 回剪至芽点上方

检查有没有芽点，用剪刀回剪每一根枝条，底部保留两个以上的芽点。

NP-T.Narikiyo

2 调整株形

为了打造半球状的株形，需要留高植株中央，把外围剪低。

NP-T.Narikiyo

3 疏枝

连根剪断植株内部的细枝和枯枝，进行疏枝。

NP-T.Narikiyo

基本 基础工作

挑战 适合中级、高级栽培者的工作

本月的主要工作

- 基本 护根
- 基本 种于花盆
- 基本 摘残花、采集、花后修剪和疏枝
- 基本 采集、疏枝

6月的薰衣草

英国薰衣草系品种迎来了开花的鼎盛期，随着气温的上升，香味也愈发浓郁。窄叶薰衣草系品种也将从下旬开始开花。进入梅雨期后，薰衣草害怕的雨水天气将持续很长一段时间。需在采集的同时尽早进行疏枝，防止闷热。

从春季一直开到现在的西班牙薰衣草系品种，差不多要结束花期了。最好是在入梅前完成花后修剪与疏枝。

迎来采集期的英国薰衣草系"阿维尼翁新蓝"。

主要工作

基本 护根

如果覆盖物变少了，就进行补充

地栽植株需要全年进行护根。特别是梅雨时期，护根有防止泥土飞溅、预防疾病的效果。护根材料一旦变少，就在入梅前做好补充。

护根材料推荐使用分解后有助于改良土壤的碎树皮。

基本 种于花盆

以4月为准（参见第42、43页）。

基本 摘残花、采集、花后修剪和疏枝

西班牙薰衣草系品种以5月为准（参见第54、55页）。

本月的管理要点

☀ 日照、通风良好的室外，盆栽要避开雨水

💧 盆栽在花盆变轻时浇水，地栽顺其自然

▣ 不需要

🐛 蚜虫、红蜘蛛等

管理要点

🥛 盆栽

☀ **摆放：日照、通风良好的室外**

　　入梅后，转移至避雨的位置。

💧 **浇水：花盆变轻后**

　　花盆变轻后，在上午浇水。注意避免过度潮湿和缺水。

▣ **施肥：不需要**

🌱 地栽

💧 **浇水：基本上顺其自然**

▣ **施肥：不需要**

🥛 🌱 病虫害的防治

蚜虫、红蜘蛛等

　　防治方法参见第 41 页。

基本 采集、疏枝

开出 5、6 朵花后，便可进行采集

　　如果让英国薰衣草品种一直开到花朵全部绽放，不仅香味会变淡、花会褪色，做成干花时，开花后的萼片也会脱落，无法制成工艺品。当植株开出 5、6 朵花时就进行采集，为植株整体进行"疏枝"吧。尽早采集也能有效防止闷热。

英国薰衣草系品种的采集时机

英国薰衣草系植株在开出 5、6 朵花时进行采集。图为"芳香蓝"。从 7 月开始采集的窄叶薰衣草系也一样。

✗
开花前
如果在筒状花蕾开放前采集，花香就会变淡。

花 →

✓
开了 5、6 朵花
采集的最佳时机。即使制成干花，花蕾和开花后的萼片也不会掉落。

✗
开满花朵
如果制成干花，开花后的萼片就会脱落。

尽早采集兼疏枝，以防闷热。

盆栽

操作前

迎来了采集适宜期的"闪耀蓝"。

操作后

通风变好了。能有效避免梅雨期与夏季的闷热情况。

二茬花

1

用剪刀一根根剪掉

针对叶片密集生长的部分，大约在第二节的上方下剪，一根根采集下来。

2

花朵全部采集后

即便叶片的根部有二茬花（参见步骤图1），也要以头茬花的采集与疏枝为优先。

3

进行疏枝

保留植株基部的芽点，为整棵植株进行疏枝。修剪后的体积约为原本的四分之一。

地栽

操作前

采集适宜期的"紫山"。

⬇

操作后

采集结束，并为度过梅雨期和夏季进行了疏枝。

①

在叶片上方一根根剪掉

窍门和盆栽一样，针对叶片密集生长的部分，大约在第二节的上方下剪，一根根采集下来。

②

结束采集

采集全部花朵后。

③

进行疏枝

大小以原体积的四分之一为准，为整棵植株进行疏枝，并保留基部的芽点。

④

剪掉横向扩张的枝条

连根剪断贴近地面的枝条，改善基部通风。

薰衣草的使用方法

薰衣草的魅力在于它不仅是一种园艺素材，在生活中也用途广泛。下面介绍一些不费工夫便能轻松享受香味的用法。

NP-T.Narikiyo

享受长时间的花香
——干花束

干花

推荐品系：英国薰衣草系、窄叶薰衣草系

要想享受长时间的花香，建议制作干花。采集后，把花穗立刻做成花束，悬挂在室内通风良好的位置，风干。还可以加入其他香草。

汽车芳香剂

简易干燥法

要迅速风干花束时，推荐大家在停着的小车内进行。天气好的情况下，3天左右就能变成干花。比室内干燥的时间更短，还能充当车内的芳香剂。

NP-T.Narikiyo

捆成花束，挂在镜子等物的下面。

天然入浴剂——香草浴

| 鲜花 | 干花 |

推荐品系：英国薰衣草系、窄叶薰衣草系、西班牙薰衣草系等

NP-T.Narikiyo

据说薰衣草的香味有缓解压力、促进睡眠的效果。可以把新鲜的花朵和枝叶、干燥后的花蕾和花萼用纱布等物包好，装进滤水网后，再泡进浴池或是脚盆里。

烧烤后的
驱虫烟雾

鲜花　干花

推荐品系：
英国薰衣草系、窄叶薰衣草系、西班牙薰衣草系等

饱餐一顿烧烤后，把薰衣草放在尚未熄灭的炭上面，便能用它的烟雾代替蚊香。还能顺便处理掉用旧的干花束。

NP-T.Narikiyo

NP-T.Narikiyo

欧洲传统
——踩香草

鲜花　干花

推荐品系：
英国薰衣草系、窄叶薰衣草系、西班牙薰衣草系等

除了闻香，中世纪的欧洲为了防虫、预防瘟疫，似乎还会把香草铺在玄关和地板处，在上面走来走去。把薰衣草装进盒子等容器中，再摆在房屋、厕所的入口处，穿着靴子或拖鞋在上面踩踏，就能立刻闻到飘香。

让清洗的衣物染上薰衣草的香味

英国家庭习惯把洗完的衣物晾在薰衣草上方，好让衣物染上它的香味。

在梨木香步的小说《西女巫之死》中，英国出生的祖母也和孙女（主角）一起把床单晾在院子里的薰衣草上方。2008 年将其拍成电影时，剧组在清里（日本山梨县）进行外景拍摄，当时作者就负责庭院布景中的香草种植。

没有大院子的话，不方便晾晒床单，但如果是手帕、枕套这些小物件，那么在阳台上用盆栽薰衣草也没问题。您不妨在晴天一试吧，清洗过的衣物会散发出柔和的薰衣草香呢。

T.Geji

种在前庭布景里的"格罗素"。床单就挂在上方晾晒。

本月的主要工作

基本 护根

基本 采集、疏枝

基本 基础工作

挑战 适合中级、高级栽培者的工作

7月和8月的薰衣草

仿佛在跟英国薰衣草系品种换班似的，耐热性较强的窄叶薰衣草系品种迎来了开花期与采集期。

不光是梅雨期，薰衣草也不喜欢日本高温潮湿的夏季。特别是耐热性差的英国薰衣草系品种，梅雨期一旦结束，就要立刻转移至明亮的背阴处，地栽则进行遮阳等操作，同时要防止地温的上升与闷热。

在窄叶薰衣草系中算开花较晚的"普罗旺斯"。7月上旬开始开花。

主要工作

基本 护根

能帮助越夏

地栽植株需要全年进行护根。在梅雨时期，护根有防止泥土飞溅、预防疾病的效果，梅雨过后，还能有效防止地温上升、干燥、杂草的生长（参见第58页）。

基本 采集、疏枝

花开到2、3轮时进行采集（注：薰衣草为轮状聚伞花序）

当窄叶薰衣草系品种的花开到2、3轮时，尽早进行采集与疏枝，窍门与英国薰衣草系品种一样。方法参见第60、61页。

经过了采集与疏枝的"超级"。

本月的管理要点

❄ 出梅后，摆在避开西晒、通风良好的室外

🌊 出梅后，盆栽当盆土表面干燥时，就在早上或傍晚充分浇水。地栽顺其自然

▦ 不需要

🐛 蚜虫、红蜘蛛等

管理要点

🗑 盆栽

❄ **摆放：避开西晒的室外**

出梅（梅雨期结束）后，把植株转移至避开西晒的位置，或者进行遮阳。近年来的酷暑天气，使得具备耐热性的窄叶薰衣草系品种也会因高温而枯萎。高温持续不降时，可以对窄叶薰衣草系品种进行转移或遮阳，防止盆土温度上升。

🌊 **浇水：盆土表面干燥时**

出梅后，当盆土表面干燥时，就在气温上升前的早晨或傍晚充分浇水。傍晚在花盆周围洒水，水分蒸发时可使温度降低。

▦ **施肥：不需要**

⬆ 地栽

◉ **越夏：进行遮阳，避开西晒**

出梅后，如果植物受到午后阳光的直射，就用苇帘子、遮光网等进行遮光。详情参见第 68、69 页。

🌊 **浇水：顺其自然**

▦ **施肥：不需要**

🗑 ⬆ 病虫害的防治

蚜虫、红蜘蛛等

防治方法参见第 41 页。

把薰衣草用作蜜源植物

薰衣草也被用作养蜂时吸引蜜蜂的蜜源植物。

此外，如果在蔷薇科的果树、草莓等植物附近种上花期相近的西班牙薰衣草系品种，在夏季蔬果附近种上英国薰衣草系、窄叶薰衣草系等品种，就能吸引蜜蜂成群聚集，有助于授粉。

NP-T.Maki

在欧洲，薰衣草蜂蜜也很受欢迎。与日本蜂蜜不同，西方蜂蜜是由特定的花朵采集而来，因此是单花蜜。

☼ 越夏工作

使花盆离开地面，让底部通风，防止花盆内部温度上升。在有午后阳光直射的地方，还要进行遮阳。

在花盆底部架上矮台或砖块

用矮台或砖块让花盆离开地面，哪怕稍微远离一点，都是有效果的。避免直接把花盆摆在地面上，这是基本操作。在夏季，花盆离地面越远越好。可这样容易干燥，因此要注意避免缺水。

遮住午后日照

如果阳台有防水台，可以把盆栽摆在立架上，以保障上午的阳光和通风。如果有午后阳光的直射，就用遮光网（遮光率40%）等工具进行遮阳，以降低温度。

造成英国薰衣草系品种枯萎的最大原因便是夏季的高温与闷热。
通过遮阳来降低温度，尽量营造通风良好的环境吧。

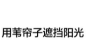

当地栽的英国薰衣草系植株受到午后阳光的直射时，我们要配合环境做好遮阳工作，尽量让植株凉快一些。当高温持续不降时，窄叶薰衣草系植株也要进行遮阳。

用苇帘子遮挡阳光

为小花坛罩上透气性好的苇帘子等，以遮挡午后阳光。

罩上遮光网

如果是成排种植的地栽植株，为遮挡午后烈日的照射，就插上种蔬菜用的避雨支柱等工具，在植株上方罩上遮光网（遮光率40%）。为确保透气性，网面需距植株1.5m左右。到了9月上旬便摘掉遮光网，以防止植株徒长和闷热。

September

9月

基本 基础工作

挑战 适合中级、高级栽培者的工作

本月的主要工作

基本 护根

基本 栽种、换盆

挑战 扦插

挑战 播种

挑战 移栽

9月的薰衣草

夏季因高温而虚弱的植株，在过了秋分、夜晚温度下降后，便能恢复活力。中旬之后，就可以进行秋季栽种、换盆了。相比春季，更推荐在秋季栽种英国薰衣草系、窄叶薰衣草系品种。

到了下旬，两季开花性的部分英国薰衣草系、四季开花性的羽叶薰衣草系等品种将开始开出秋花。

高温一直持续到秋分。图中为平安度过夏季的英国薰衣草系"紫山"。

主要工作

基本 护根

地栽植株全年都需要护根。

基本 栽种、换盆

高温告一段落后便可进行

中旬过后，就能对秋季上市的盆栽苗、盆栽花，春季在花盆里保养的植株，春季的扦插苗、播种苗进行栽种、换盆了。如果有花朵，则剪掉花朵后再栽种，这样能增加来年的开花量。步骤与春季相同（参见第42~47页）。

挑战 扦插

以4月为准（参见第48~50页）。

挑战 播种

以4月为准（参见第51页）。

挑战 移栽

把春季断过根的植株挖出来

移栽需要断根，因此等夜晚温度下降、植株恢复体力后再进行操作。中旬之后，把3月断过根的植株（参见第39页）挖出来，种进目标土地里。对于未满3年的年轻植株，移栽时应尽量避免弄断根系，把根球挖大些。

本月的管理要点

❄ 日照、通风良好的室外

💧 盆栽在盆土表面干燥时浇水，地栽顺其自然

🎲 追肥

🎨 蚜虫、红蜘蛛等

管理要点

🪴 盆栽

❄ **摆放：将花盆放回向阳处**

高温下降后，将花盆放回日照、通风良好的位置。

💧 **浇水：盆土表面干燥时**

当盆土表面干燥时，就在气温上升前的早晨或傍晚充分浇水。

🎲 **施肥：追肥**

秋季施加一次缓效性复混肥料，要比规定量少一点点。

盆栽可在花盆边缘施放置型肥料。薰衣草原本在贫瘠的土地中生长，因此施肥量要略少于规定量。

NP-T.Narikiyo

🌱 地栽

⊙ **收拾遮阳工具**

到了上旬，就摘掉苇帘子、遮光网等遮阳工具。

💧 **浇水：顺其自然**

🎲 **施肥：追肥**

秋季施加一次缓效性复混肥料，要比规定量少一点点。

🪴 🌱 病虫害的防治

蚜虫、红蜘蛛等

防治方法参见第 41 页。

专栏

薰衣草的秋花

最近，英国薰衣草系有了秋季也开花的两季开花性品种。因为经过改良，植株拥有了非低温时也能分化花芽的性质。

四季开花性的品系也会在秋季开花，但比春花要小，香气也更淡。盛夏与隆冬间很少开花。

英国薰衣草系"艾琳道尔"的秋花。

E.Yajima

挑战 地栽植株的移栽

适宜时期：9 月中旬至 10 月下旬

当植株长得太大，需要移栽到其他位置时，便于 3 月为种植超过 3 年的植株进行断根，这样能减少移栽时的损伤。

对移栽处进行土壤改良

3 月断根的"格罗索"（参见第 39 页）。一直栽培到秋季，令其生出了细根。在秋季挖出来进行移栽。

准备材料

苦土石灰 200~300g/m²
树皮堆肥或腐叶土 10~15L/m²
牛粪堆肥等动物性堆肥 10~15L/m²
基肥（略少于规定量的缓效性复混肥料，小到中颗粒，磷含量高）
碎树皮
铁锹等

仔细耕土

去掉目标处的杂草等。用铁锹上下翻动土壤，耕土圆形区域的直径为 1m、深度为 0.3m 左右。

加入改良土壤的材料

倒入苦土石灰、树皮堆肥（或腐叶土）、牛粪堆肥，用铁锹仔细拌匀土壤。

加入基肥

为整片土壤撒上基肥，均匀搅拌。

移栽植株

挖出植株

把铁锹刃插入断过根的植株的周围及底部，再把铁锹插进根球下面，挖出根球。

挖坑

把植株放到目标地点，挖一个比根球大上一圈的坑。

确定高度

为了把植株种高些（参见第46页），把土壤填回去一点，观察植株放进树坑后的高度。对高度进行调整，使根球表面比旁边土面高出约10cm。

充分浇水

在根球周围挖一圈水钵。往水钵里充分浇水。

堆土

用周围的土壤填上水钵。

护根

用碎树皮在植株周围进行护根，大功告成。

October
10 月

本月的主要工作

（基本）护根

（基本）栽种、换盆

（基本）应对台风

（挑战）扦插

（挑战）播种

（挑战）移栽

（基本）基础工作

（挑战）适合中级、高级栽培者的工作

---

10 月的薰衣草

秋意渐浓，气温逐渐下降，对耐寒性强的薰衣草来说，这是个惬意的时节。即使没有花，生机勃勃的常绿性绿叶、银叶也会点缀秋季的天空。

市面上的香草专区将摆上各种各样的薰衣草盆栽苗、部分英国薰衣草系的两季开花性品种、四季开花性的齿叶薰衣草系品种，还有羽叶薰衣草系的开花株。

齿叶薰衣草的秋季花朵。叶片也很好看，在花坛和房屋外围的植栽中颇受瞩目。

主要工作

（基本）护根

地栽植株全年都需要护根（参见第 58 页）。

（基本）栽种、换盆

以 4 月和 9 月为准（参见第 42~47、70 页）。

秋季上市的苗状态优良，仅次于春季和初夏，品种数量也很丰富。又恰逢栽种的适宜时期，是增添新薰衣草的好时机。

（基本）应对台风

防止积水

台风来临前，暂时把花盆搬到避雨的屋檐下或室内吧。

如果庭院容易积水，可于台风来临前在植株周围挖沟，建立供水流通的水渠。

本月的管理要点

☀ 日照、通风良好的室外

💧 盆栽在花盆变轻时浇水，地栽顺其自然

🎲 追肥

🐛 蚜虫、红蜘蛛等

台风离开后，如果有枝条被台风吹断，就进行修剪。薰衣草对盐害的抵抗力较强，但要是被泥水溅脏了，就要为整棵植株进行浇水，冲走泥土。

 扦插

以4月为准（参见第48~50页）。

 播种

以4月为准（参见第51页）。

 移栽

以9月为准（参见第72、73页）。

E.Yajima

采集花朵之后进行一次彻底的疏枝，秋季便能欣赏茂盛的美丽株形。图中为窄叶薰衣草系的"格罗索"，只要生长顺利，第二年以后冠幅可达到80~100cm，所以种植时植株间要留出充足的空间。

管理要点

🪴 盆栽

☀ 摆放：**日照、通风良好的室外**

💧 浇水：**花盆变轻后**

花盆变轻后，在上午浇水。注意避免过度潮湿和缺水。

🎲 施肥：**追肥**

秋季施加一次缓效性复混肥料，要比规定量少一点点。如果9月没有施肥，就在本月进行。

🌱 地栽

💧 浇水：**基本上顺其自然**

🎲 施肥：**追肥**

秋季施加一次缓效性复混肥料，要比规定量少一点点。如果9月没有施肥，就在本月进行。

🪴🌱 病虫害的防治

蚜虫、红蜘蛛等

防治方法参见第41页。

10月

11、12月

基本 护根
基本 栽种、换盆
基本 防寒

基本 基础工作
挑战 适合中级、高级栽培者的工作

11月和12月的薰衣草

秋季红叶掉落后，冬季终于来了。随着气温的降低，具有耐寒性的英国薰衣草系、窄叶薰衣草系品种的叶片从绿色变成了银色，12月上旬至2月底期间植株一直处于休眠状态。

当最低气温低于品种的耐寒温度时，就把西班牙薰衣草系、齿叶薰衣草系、羽叶薰衣草系盆栽摆进室内吧。只要有适宜温度，羽叶薰衣草系品种便能长期开花，可以当作冬季盆栽花放在室内观赏。

叶片开始从绿色变为银色的窄叶薰衣草系"格罗索"，耐寒性强，可以在室外过冬。

主要工作

基本 **护根**

如果覆盖物减少了，就进行补充

碎树皮如果被分解而变少了，就进行补充。

基本 **栽种、换盆**

冬季前完成操作

11月中旬前都可以操作。方法参考4月和9月（参见第42~47、70页）。

基本 **防寒**

为地栽植株盖上无纺布

一旦过了12月中旬，就要为地栽的英国薰衣草系、窄叶薰衣草系植株盖上无纺布等物，以阻挡寒风，这样有助于来年春季萌芽（参见第34页）。

羽叶薰衣草系盆栽能忍耐的最低温度为0℃，西班牙薰衣草系与齿叶薰衣草系能忍耐的最低温度则是零下5℃，在温度低于最低温度前，需要把植株摆进室内。

本月的管理要点

- 避开寒风的明亮屋檐下方或室内
- 盆栽减少次数，少量浇水；地栽在干燥的天气持续了两周时浇水
- 不需要
- 蚜虫、红蜘蛛等（室内）

管理要点

盆栽

摆放：避开寒风的向阳处

把花盆摆在屋檐下方等避开寒风的室外向阳处。摆进室内时，就放在有半天日照的明亮窗边等处。避免直接吹到暖气的热风。

最好放在 1 天能晒上 4~6 个小时太阳的明亮窗边。

浇水：减少次数，少量浇水

随着气温的降低，干燥速度也变慢了，所以等到花盆变轻时，再于上午浇水即可。要注意干燥导致的缺水，一点点地少量浇水，控制在略微干燥的状态。

施肥：不需要

地栽

浇水：干燥的天气持续两周时

以1月和2月为准（参见第35页）。

施肥：不需要

病虫害的防治

蚜虫、红蜘蛛等

如果因温度高而干燥，摆进室内的盆栽可能会出现蚜虫、红蜘蛛等害虫。防治方法参见第 41 页。

专栏

薰衣草干花泡茶

据说薰衣草有缓解压力、促进睡眠的效果。

把干燥后的英国薰衣草系、窄叶薰衣草系的花蕾和花萼密封起来，置于阴凉处保存，便能在寒冬时节喝到亲手制作的香浓薰衣草茶了。

制作方法：将薰衣草干花加入茶壶，每杯一茶匙的分量，倒入热水后盖好盖子，泡 3~5min 即可。

可以添加蜂蜜，或者与红茶混合享用。

E.Yajima

淡粉色的茶汤，有种舒畅的清凉感。

栽种方案

以薰衣草为主角的栽种示例。确定主题后再搭配其他香草，更能增添种植的乐趣。其他香草选择跟薰衣草一样的，以喜欢日照和干燥环境的品种为主，如此可便于管理。

治愈型花园

触碰时、柔风吹起时，会散发柔和的香味。

寒冷地区到一般地区

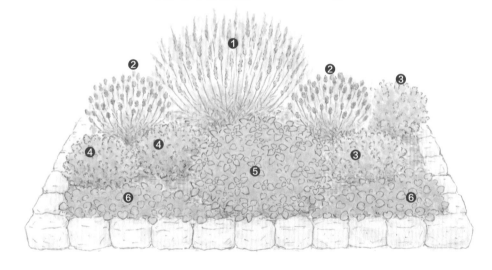

❶ 薰衣草（窄叶薰衣草系"格罗素"）　❹ 普通百里香
❷ 薰衣草（英国薰衣草系）　❺ 香蜂花
❸ 柠檬百里香　❻ 香堇菜

➡ 平面图见第 82 页

温暖地区到一般地区

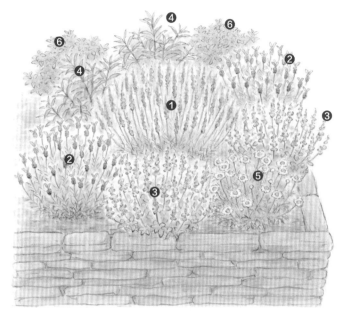

① 薰衣草（窄叶薰衣草系"格罗索"）
② 薰衣草（西班牙薰衣草系）
③ 费森杂种荆芥（紫花猫薄荷）
④ 柠檬马鞭草
⑤ 果香菊
⑥ 留兰香

➡ 平面图见第 82 页

　　我们可以在玄关与停车场旁、马路边等有人出入的地方种植薰衣草和有心仪香味的香草。

　　在寒冷地区到一般地区，以耐寒性强的英国薰衣草系、窄叶薰衣草系品种为主。百香草可用于料理，香蜂花可以泡茶，香堇菜则可当作食用花，用糖进行腌制。

　　而在温暖地区到一般地区，以耐热性强的西班牙薰衣草系和窄叶薰衣草系品种为主。柠檬马鞭草可做成干花和香草茶，果香菊和留兰香也可用来泡香草茶。

　　香草的原产地是地中海沿岸，有的品种不喜欢日本的高温潮湿天气。在温暖地区，可以把种植香草的高架床架高些，防止闷热。另外，通过勤采集、勤疏枝来改善通风吧。

料理型花园

为薰衣草搭配上自己喜欢的、常用于料理的香草。

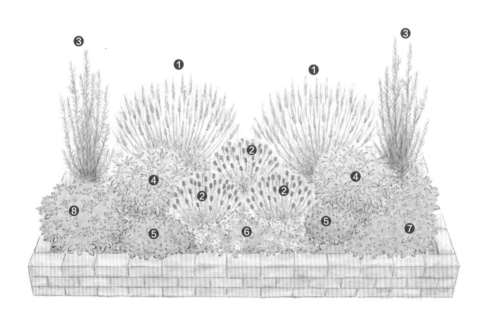

❶ 薰衣草（窄叶薰衣草系"格罗索"）　　❺ 普通百里香

❷ 薰衣草（英国薰衣草系）　　　　　　❻ 甘牛至

❸ 迷迭香（灌木型）　　　　　　　　　❼ 留兰香

❹ 撒尔维亚　　　　　　　　　　　　　❽ 辣薄荷

➡ 平面图见第 83 页

　　薰衣草品系的挑选方式，与治愈型花园（参见第 78、79 页）一样。英国薰衣草系、窄叶薰衣草系品种干燥后可用来泡茶（参见第 77 页）。

　　为方便采集，我们把长得高的植物种在里边，长得矮的种在外边。在 6—8 月高温潮湿的时期，需要整理基部枝条，以加强通风。

　　对于料理类香草，我们需在采集的同时经常回剪枝叶，如此便能采集到新鲜的嫩芽，还能让外形变得整齐。薄荷生长繁茂，得在开花后进行深剪，防止种子掉落。

防虫型花园

新鲜的香气有驱虫效果。香草被制成干花后还能二次利用。

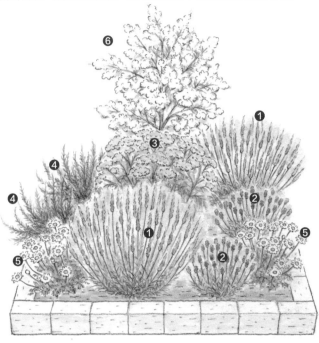

① 薰衣草（窄叶薰衣草系 "格罗索"）　　④ 迷迭香（半匍匐型）

② 薰衣草（英国薰衣草系）　　　　　　⑤ 除虫菊

③ 菊蒿

⑥ 白千层

➡ 平面图见第 83 页

　　　将薰衣草与具有驱虫功效的香草搭配在一起。薰衣草品系的挑选方式，与治愈型花园（参见第 78、79 页）一样。

　　　但这不等于虫子会彻底消失。我们可以对香草进行二次利用，比如风干采集的花朵和叶片，悬挂在房间里，做成香囊放进抽屉里，或者铺在地毯下面等。其他香草还推荐唇萼薄荷、香叶天竺葵、柠檬草等。耐寒性较差的白千层、香叶天竺葵、柠檬草在过冬时需要花些心思。

治愈型花园

寒冷地区到一般地区

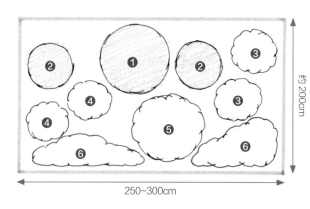

250~300cm
约 200cm

❶ 薰衣草（窄叶薰衣草系"格罗索"）
株高：80~100cm

❷ 薰衣草（英国薰衣草系）
株高：35~60cm

❸ 柠檬百里香
株高：10~30cm

❹ 普通百里香
株高：20~40cm

❺ 香蜂花
株高：30~60cm

❻ 香堇菜
株高：15~20cm

➡ 立体图见第 78 页

温暖地区到一般地区

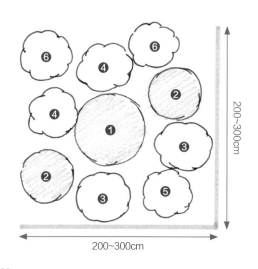

200~300cm
200~300cm

❶ 薰衣草（窄叶薰衣草系"格罗索"）
株高：80~100cm

❷ 薰衣草（西班牙薰衣草系）
株高：40~60cm

❸ 费森杂种荆芥（紫花猫薄荷）
株高：40~60cm

❹ 柠檬马鞭草
株高：60~150cm

❺ 果香菊
株高：40~80cm

❻ 留兰香
株高：30~100cm

➡ 立体图见第 79 页

料理型花园

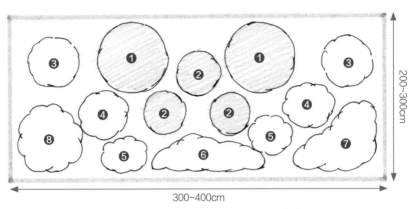

200~300cm

300~400cm

❶ 薰衣草（窄叶薰衣草系"格罗索"）
　株高：80~100cm

❷ 薰衣草（英国薰衣草系）
　株高：35~60cm

❸ 迷迭香（灌木型）　株高：约150cm

❹ 撒尔维亚　株高：50~60cm

❺ 普通百里香　株高：20~40cm

❻ 甘牛至　株高：20~40cm

❼ 留兰香　株高：30~100cm

❽ 辣薄荷　株高：30~90cm

➡ 立体图见第 80 页

防虫型花园

❶ 薰衣草（窄叶薰衣草系"格罗索"）
　株高：80~100cm

❷ 薰衣草（英国薰衣草系）
　株高：35~60cm

❸ 菊蒿
　株高：80~120cm

❹ 迷迭香（半匍匐型）
　株高：30~80cm

❺ 除虫菊
　株高：30~60cm

❻ 白千层
　株高：约200cm

➡ 立体图见第 81 页

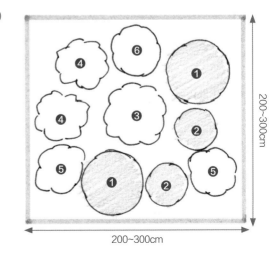

200~300cm

200~300cm

开始栽培

苗的购买

春季至初夏间、秋季有大量的苗上市

要购买盆栽苗，建议在春季至初夏间、秋季进行。数量最多的月份是3—5月，品系、品种丰富，能买到状态良好的苗。虽然比不上春季和初夏，但秋季也有盆栽苗上市。

5月母亲节前后，店头也会摆上开花株的盆栽。秋冬期间，也会有秋季开花的品种（两季开花性、四季开花性）的开花株出售。

NP·N.Kamibayashi

盆栽薰衣草

任何一种品系都能种进花盆里。在非温暖地区，耐寒性差的羽叶薰衣草系品种（图中）可种在花盆里，于冬季摆进室内。

如何分辨好苗

选择节间紧凑的植株

选苗的关键，就是选择节间紧凑的植株。对于同一品种，相比徒长的高植株，我们更应选择紧凑结实的植株。

开花株的优点是可根据花朵来选择。如果是没有开花的幼苗，请通过吊牌上的照片等进行确认。

也要关注叶片

不光是花，也要试着关注常绿性的叶片。不同品系、不同品种的薰衣草，叶片的颜色和形状也各不相同。最近，还出现了叶片带有美丽斑点的类型，在没有开花的季节，可当作观叶植物来欣赏。

品系与品种的挑选方法

掌握每个品系的性质

薰衣草有各种各样的品系。首先，按照耐热性、耐寒性、开花期、用途等，来理解每个品系的性质与特征吧。

选择适合栽培地区的品系固然理想，可若想在一般地区、温暖地区栽培怕热的英国薰衣草系品种，就只能把种植用的高架床尽量架高些，或选择盆栽方式（有利于越夏）种植等，根据品系的性质，在栽培方法和环境上下功夫，如此也能降低栽培失败的风险。

主要品系的特征及用途参见第8~13页和第86、87页，品种介绍参见第14~30页。

苗的种植

种进大两圈的花盆里

购买盆栽苗后，立刻种进大两圈的花盆里。定植于庭院时，如果是春季至初夏间购买的苗，就得在花盆中一直培育到秋季再种植，这样能减少植株因夏季高温而枯萎的风险；如果是秋季购买的苗，便可以立刻定植于庭院，但在寒冷地区，只能在来年春季进行定植。

把耐寒性差的品系种进花盆

如果希望羽叶薰衣草系品种年年开花，那么在非温暖地区，就得把植株种进花盆里，并于冬季摆进室内。在冬季最低气温低于零下5℃的地区，西班牙薰衣草系、齿叶薰衣草系品种也要种进花盆，冬季在室内过冬。

植株的更新

5~6年后替换为新植株

薰衣草属于常绿性灌木，即便每年进行修剪，几年后枝条仍会木质化。届时花朵也会变少，因此到了第5~6年，我们要挖出整棵植株，更换为新的植株。

只要用扦插方法为心仪的植株繁殖新苗，就能继续欣赏性质相同的植株了（参见第48~50页）。

地栽的薰衣草

春季购买了耐热性差的英国薰衣草系（图中）的苗时，让它在花盆中越夏，再于秋季定植于庭院，如此能减少高温带来的伤害。

品系一览表

这里将不同品系的性质、特征整理成了一览表。挑选品系时，请根据地区、目的等来参考这张表格吧。

品系	英国薰衣草系	窄叶薰衣草系	
俗名	狭叶薰衣草、英国薰衣草、真薰衣草、真正薰衣草	醒目薰衣草	
开花期	5月下旬至6月下旬，9月上旬至11月下旬	6月下旬至8月上旬	
早晚性	早熟	晚熟	
香味	非常浓郁	浓郁	
栽培适宜地	高寒地区至寒冷地区	一般地区	
耐热性	差	较强	
耐寒性	强（-15~-20℃）	强（-10~-15℃）	
株高/冠幅	35~60cm / 40~70cm	80~100cm / 80~100cm	
特征与栽培要点	最正宗的薰衣草香味。能采集到高品质的精油。不喜欢高温潮湿，在温暖地区可用花盆栽培。尽管是单季开花性，却也有少量的两季开花性、四季开花性品种。	有着浓郁的樟脑香。适合大量生产精油。与英国薰衣草系相比，具有耐热性。在一般地区也可地栽，但由于会长成大棵植株，因此要选择好种植地点。	
用途	能保留香味与花色，适合做成干花和工艺品。适合用于鲜切花、干花、花环、香囊、押花、薰衣草花束、香草浴、香皂、护发素、香草茶等。	很难保留花色，但是能留下香味。花穗与花茎较长，适合制成干花和工艺品。最适合做薰衣草花束。用途有鲜切花、花环、香草浴等。	
代表性品种	芳香（两季开花性） 希德寇特 闪耀蓝 香宜（两季开花性）	格罗索 普罗旺斯 巨白 一千零一夜	
参考页面	第9、14~18页	第10、19~21页	

西班牙薰衣草系	齿叶薰衣草系	羽叶薰衣草系
法国薰衣草、西班牙薰衣草	锯齿薰衣草	蕾丝薰衣草、蕨叶薰衣草
3 月下旬至 6 月下旬 ※ 只要有适宜温度，夏季以外都能开花	4 月下旬至 6 月、11—12 月 ※ 只要有适宜温度，夏季以外都能开花	3—7 月、9 月下旬至 12 月 ※ 只要有适宜温度，夏季以外都能开花
早熟	早熟	早熟
清淡	清淡	清淡
一般地区至温暖地区	一般地区至温暖地区	温暖地区
强	强	一般
较差（约 -5℃）	较差（约 -5℃）	差（约 0℃）
40~60cm / 40~80cm	80~100cm / 60~80cm	30~150cm / 30~80cm
苞片像兔耳朵一样可爱，点缀了庭院和盆栽。香味倒是有，却不如英国薰衣草系浓郁。对高温和闷热的抵抗力较强，容易栽培。	具四季开花性且开花时间长，在日本关东以西的地区也可当作树篱观赏。随着树龄的增长，能长成大棵植株。	可以地栽，但在冬季最低气温低于 0℃的地区，需要种进花盆，并于冬季摆进室内。具四季开花性，如果气温超过 10℃，那么冬季也能开花。
采集后，花色和形状会变差，因此比起制成干花、工艺品，更适合用来观赏。观赏时间长，种植用途广泛，可种进花盆乃至花坛里，还可以混栽。也能做成鲜切花，但是吸水能力差。	采集后，花色和形状会变差，因此比起制成干花、工艺品，更适合用来观赏，比如种进花盆、花坛，或进行混栽等。适合用于花环、押花等。	可种进花盆或花坛，进行混栽，制成鲜切花等。采集后，花色和形状会变差，因此不适合制成干花和工艺品。可以做押花、押叶等。
埃文风暴 马歇伍德 丘红 印花布	齿叶薰衣草	蕨叶薰衣草 羽叶薰衣草 加那利薰衣草
第 11、22~26 页	第 12、27 页	第 13、28 页

培养土、花盆与肥料

合适的培养土

薰衣草喜欢含有许多颗粒的、排水性强的土壤。可以用市面上的草花培养土（含基肥）进行栽培，但如果含有较多的泥炭藓等有机物，就加入一成的珍珠岩以改善排水性。无须追加基肥。

如果是自己配制的培养土，可以在拌入了赤玉土、腐叶土或树皮堆肥、鹿沼土、珍珠岩、泥炭藓的调配土壤中加入基肥（略少于规定量的缓效性复混肥料），方法参照下方内容。

合适的花盆

透气性好的陶盆适合栽培。要是介意重量，也可以用盆底孔多的塑料盆。白色花盆的盆内温度不易上升，可用于帮助植株越夏。还可以使用透气性好的控根盆。

除了控根盆，其他花盆一定要铺上轻石等盆底石，营造排水性好的环境。

陶盆

透气性好，适合栽培薰衣草。

NP-T.Narikiyo

如果用市面上的草花培养土

NP-T.Narikiyo　　　　　NP-T.Narikiyo

市面上的　　　　　珍珠岩
草花培养土

如果自己配制培养土

按照 4 成赤玉土（1 成大颗粒、3 成小颗粒）、3 成腐叶土或树皮堆肥、1 成小颗粒鹿沼土、1 成珍珠岩、1 成泥炭藓（调节酸碱度）的比例配制，再加入略少于规定量的缓效性复混肥料（质量分数：氮元素 6%、磷元素 40%、钾元素 6%）。

盆底石

如大颗粒的轻石等。除了控根盆，其他花盆需铺一层略厚（2~3cm 厚）的盆底石。

NP-T.Narikiyo

肥料（基肥与追肥）

　　施加基肥时，把颗粒状的缓效性复混肥料拌入盆栽、地栽的土壤中即可。

　　追肥则是在春秋两季施加，用含有等量三要素的放置型缓效性复混肥料。对于开花时间长的西班牙薰衣草系品种，如果生长状况不佳，也可以在5月同时施含有等量三要素的液体肥料。

　　栽培薰衣草时要把肥料与水分控制在少量，才有利于形成恰到好处的香味。如果发育没有问题，施加的肥料需比规定量略少。

基肥

颗粒状的缓效性复混肥料（质量分数：氮元素6%、磷元素40%、钾元素6%）。

NP·T.Narikiyo

追肥

用含有等量三要素（质量分数：氮元素12%、磷元素12%、钾元素12%）的放置型缓效性复混肥料。

NP·T.Narikiyo

管理的基本

在通风良好的向阳处进行栽培

　　一天有6h以上的日照时间、通风良好的地方较为理想。不过，要避免有夏季午后阳光直射的地方，或者对植株进行遮光（参见第68、69页）。

保持略干燥的状态

　　薰衣草不喜欢过度的潮湿与闷热。生长到一定程度后，要尽量减少浇水，维持在略干燥的状态。

　　除了刚种下或干燥天气持续了2周时，地栽都是顺其自然，不用特意浇水。高温时期，从植株上方浇水是造成闷热的原因，因此只在基部浇水。

　　当盆栽的花盆变轻时，就充分浇水至水从盆底流出。

等到花盆变轻后再浇水。充分浇水至水从盆底流出。

寒冷地区至高寒地区的栽培

能享受到正宗薰衣草香的英国薰衣草系、窄叶薰衣草系品种耐寒性强，适合在寒冷地区至高寒地区栽培。

选择有耐寒性的品种

许多薰衣草的原产地都是地中海沿岸，只要选择有耐寒性的品种，在寒冷地区至高寒地区比一般地区和温暖地区更好栽培。

虽然因品种而异，但英国薰衣草系的地栽植株可在不低于零下20℃的地区过冬，窄叶薰衣草系则能在不低于零下15℃的地区过冬。

耐寒性差的羽叶薰衣草系（耐寒温度为0℃）、西班牙薰衣草系（耐寒温度为零下5℃）、齿叶薰衣草系（耐寒温度为零下5℃）品种可以种进花盆，或当作一年生植物进行地栽。

春季至初夏间栽种、换盆

栽种与换盆于春季至初夏间进行，最适合的时期是5月。秋季也可操作，但为了让根系在降温前扩张开来，还是在10月上旬前完成吧。

冬季做好防寒

哪怕是耐寒性强的品系，在寒风的吹拂下，叶片也可能干燥枯死。盆栽转移至屋檐下方等地，地栽则为所有植株盖上无纺布（参见第34页），或用防风网等抵御严寒，如此有利于春季植株的生长。

寒冷地区至高寒地区的栽培示例：英国薰衣草系

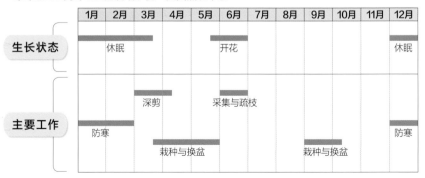

	1月	2月	3月	4月	5月	6月	7月	8月	9月	10月	11月	12月
生长状态	休眠					开花						休眠
主要工作	防寒		深剪			采集与疏枝						防寒
				栽种与换盆					栽种与换盆			

温暖地区的栽培

香味最好闻的英国薰衣草系品种，惧怕高温潮湿，栽培时的关键便是如何应对梅雨期与夏季。相较而言，具备一定耐热性的窄叶薰衣草系品种，更适合在温暖地区种植。

选择有耐热性的品系和品种

西班牙薰衣草系、齿叶薰衣草系、羽叶薰衣草系的地栽可以度过夏季和冬季。

若想享受香味，具备一定耐热性的窄叶薰衣草系品种比英国薰衣草系品种更好栽培。不过，即便是窄叶薰衣草系品种，夏季也会因近年来的酷热而枯萎。还是选择耐热性强的品种，并尽量让植株度过一个凉爽的夏季吧（参见第68、69页）。

另外，随着不断进行品种改良，也诞生了像"长崎薰衣草"系列（参见第93页）一样耐热性强的英国薰衣草系品种。

拉开植株距离以防闷热

在温暖地区，除了春季至初夏、秋季，冬季也可进行栽种。将耐热性差的品种定植于庭院时，在秋冬栽种更能降低越夏失败的概率。

地栽时，把植株高种在排水性好的土壤里，并拉开植株间的距离（英国薰衣草系植株相隔约50cm），以防过度潮湿和闷热。

也要注意梅雨期的漫长雨天。用碎树皮、黑色塑料膜等遮住土壤表面，防止杂草生长和泥土飞溅和感染疾病。盆栽则避免淋雨。

温暖地区的栽培示例：英国薰衣草系（长崎薰衣草）　　　　　* 两季开花性品种

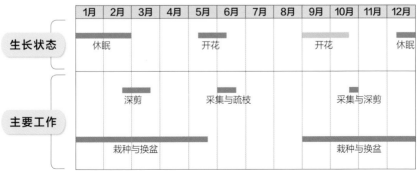

提供/长崎薰衣草研究会

91

温暖地区的栽培

采集后的修剪要浅一些

采集花朵后，在梅雨期对整棵植株进行浅剪，调整株形。轻微修剪即可。这一时期如果深剪，会扰乱蒸腾作用的平衡，病原菌也会从切口入侵，有时可能导致植株在夏季枯萎。

夏季尽量不折腾

对不适应夏季的薰衣草来说，这是最难熬的季节了。尽量别折腾植株，每天早晨或傍晚为盆栽充分浇水。除非是连续多日干燥，否则地栽就顺其自然，不用特意浇水。

深剪于秋季或初春进行

枝条的深剪，于秋季或初春进行。

秋季深剪时，有些两季开花性、四季开花性的品种还没有形成花蕾或花朵，在10月下旬来一场彻底的修剪，能使植株恢复活力。在秋季进行深剪，还能让植株以整齐的外形度过冬季。

如果秋季没有深剪，也可在新芽萌发前的初春进行。

nagasaki lavender

日本长崎县一家幼儿园举办的薰衣草采花体验会。只要选择耐热性强的品种，温暖地区也能观赏到英国薰衣草系。

耐热性强、春秋开花的 "长崎薰衣草"

对高温潮湿的夏季抵抗力强、春秋开两次花的"长崎薰衣草",是诞生于日本长崎县的英国薰衣草系列。

1998 年,长崎县立大村城南高校的学生们,在薰衣草的实生株中发现了耐热性优异的植株,并命名为"城南 1 号"。

后来,收到了"城南 1 号"的长崎薰衣草研究会对其不断改良,终于在 2013 年,培育出了兼具耐热性与两季开花性的"小妈妈"(参见第 15 页),这种薰衣草在温暖的九州也能栽培。"小妈妈"成了长期热销的植物,可谓是长崎薰衣草的代名词。

2018 年秋季,"安静""紫织""夜色蓝"也相继登场。"安静"是英国薰衣草系中罕见的四季开花性品种,5 月上旬便开始开花,采花后又能接连形成花穗,赏花时长将近两个月。后面的花期能一直持续到 11 月。

长崎薰衣草的始祖"城南 1 号",大株品种。从这一品种开始,秋季也开花的两季开花性固定了下来。

红紫色系的"紫织",大大的花穗熠熠生辉。能从 5 月底一直盛开到 6 月上旬。

长崎薰衣草系列中紫色最为浓郁的"夜色紫",名字的灵感来自长崎的夜景。

早熟品种"安静"从 5 月上旬便开始染上天空的颜色,比其他品种要早 10 天左右,具四季开花性。

取材协助/长崎薰衣草研究会

名词指南

"薰衣草的品系是什么？""什么时候采集？"
关于工作内容和不懂的名词，请看这里。为您讲
解本书中的栽培相关名词。

● 本页的使用方法

名词后面的数字是名词解释、操作方法、配
图的对应页数。也有些名词后面直接标注了
解释。

苞片 11，12，54

由叶片变形而来的部分，包裹着花蕾，衬托出
花穗。

采集 6，7，52，56，58~61，66

插穗 48，49

即用于扦插的枝条。

缓效性复混肥料 37，41，46，71，75，
88，89

缓慢生效、效果持久的复混肥料。

齿叶薰衣草系（齿叶薰衣草） 12，27，
52，74，76，87

单季开花性 86

指一年开一次花的性质。薰衣草的开花时间为
春季至初夏。

等量三要素 53，89

指肥料中含有等量的三要素氮（N）、磷（P）、
钾（K）。

断根 37，39，70，72

即为了催生细根，在移栽前切断根系。

西班牙薰衣草（法国薰衣草） 11，22，87

高种 46，91

指种植时把土壤堆高。

根球 42~45，47，73

把植物从花盆中拔出、从庭院中挖出时的根及
土的团块。

红蜘蛛 41

护根 35，58，73

指用碎树皮、塑料膜等遮盖物盖住植株基部和
周围的土壤。

花后修剪 52，55，58

在开完花后修整株形，为防止闷热而进行的修
剪。

花穗 9~12，52，54

小花大量聚集、呈穗状开放的部位。

换盆 40，44，45，70

加那利薰衣草 13，28，87

节间 84

枝条的节（叶片的根部）与节之间。

锯齿薰衣草 12，87

蕨叶薰衣草 13，28，87

蕾丝薰衣草 13，87

两季开花性 71，86，91~93

指春秋两季各开一次花的性质。

Original Japanese title: NHK SYUMI NO ENGEI 12 KAGETSU SAIBAI NAVI 12 LAVENDER

Copyright © 2020 GEJI Takaaki, NHK

Original Japanese edition published by NHK Publishing, Inc.

Simplified Chinese translation rights arranged with NHK Publishing, Inc.

through The English Agency (Japan) Ltd. and Shanghai To-Asia Culture Co., Ltd.

北京市版权局著作权合同登记　图字：01-2020-5231号。

图书在版编目（CIP）数据

薰衣草12月栽培笔记/（日）下司高明著；谢鹰译.
— 北京：机械工业出版社，2021.6
（NHK趣味园艺）
ISBN 978-7-111-67892-2

Ⅰ.①薰… Ⅱ.①下… ②谢… Ⅲ.①唇形科 – 观赏
园艺 Ⅳ.①S685.99

中国版本图书馆CIP数据核字（2021）第058006号

机械工业出版社（北京市百万庄大街22号　邮政编码100037）
策划编辑：于翠翠　　责任编辑：于翠翠
责任校对：赵　燕　　责任印制：李　昂
北京瑞禾彩色印刷有限公司印刷

2021年5月第1版·第1次印刷
145mm×210mm·3印张·2插页·79千字
标准书号：ISBN 978-7-111-67892-2
定价：35.00元

电话服务　　　　　　　　网络服务
客服电话：010-88361066　机　工　官　网：www.cmpbook.com
　　　　　010-88379833　机　工　官　博：weibo.com/cmp1952
　　　　　010-68326294　金　书　网：www.golden-book.com
封底无防伪标均为盗版　机工教育服务网：www.cmpedu.com

封面设计
冈本一宣设计事务所

正文设计
山内迦津子、林圣子
（山内浩史设计室）

封面摄影
大泉省吾

正文摄影
成清彻也
伊藤善规/今井秀治/大泉
省吾/上林德宽/樱野良充/
田中雅也/牧稔人/丸山滋

插图
五十岚洋子
江口akemi
Tarajirou（角色插图）

校对
K's Office/高桥尚树

编辑协助
矢屿惠理

策划·编辑
加藤雅也（NHK出版）

取材协助·照片提供
日野香香草园
山梨县综合农业技术中心
长崎薰衣草研究会
Syngenta Japan
白山国际
Fm永森/
北泽社区花园 大众之丘
国营泷野铃兰丘陵公园/
阳春园/横滨英国花园/
LOBELIA·上田广树
矢屿惠理